奈米生物科技

Nano Biotechnology

姜忠義　成國祥　編著

路光予　校訂
東吳大學微生物學系副教授

五南圖書出版公司 印行

序

奈米科技（Nanotechnology）是 20 世紀 80 年代末、90 年代初逐漸發展起來的新興學科領域。它的快速發展將在 21 世紀使幾乎所有的工業領域產生變化。科技工作者在奈米科技研究方面已經取得了重要的進展。

在知識創新的環境下，為滿足讀者對新知識、新技術的需要，我們規劃了一套《奈米研究與應用系列》叢書。目前該系列叢書包括如下：

奈米時代（Nano Times）

奈米材料（Nano Materials）

聚合物/層狀矽酸鹽奈米複合材料（PLS Nano Composite Materials）

奈米建材（Nano Building Material）

奈米陶瓷（Nano Ceramics）

奈米粉體合成技術與應用（Nano Powder Synthesis Technology and Application）

奈米纖維（Nano Fiber）

奈米金屬（Nano Metal）

奈米複合材料（Nano Composite Material）

奈米催化技術（Nano Catalytic Technology）

奈米製造技術（Nano Fabrication Technology）

奈米碳管（Carbon Nanotubes）

聚合物—無機奈米複合材料（Polymer-nano Inorganic Composite Material）

奈米材料化學（Nano Material Chemistry）

奈米材料技術（Nano Material Technology）

奈米光觸媒（Nano Photocatalyst）

微米/奈米尺度傳熱學（Micro/Nano Scale Heat Transfer）

奈米生物科技（Nano Biotechnology）

　　對此系列叢書，我們秉持著出版人的堅持，會持續不斷的更新和增加新的書種。

　　希望本系列叢書對於從事新技術研發和奈米材料研究的科技人員有所幫助。

前　言

　　奈米技術一般是指在奈米尺度範圍內，人類按照自己的意志直接操縱原子和分子或原子團和分子團，進行材料加工以及創製具有特定功能的產品的一種技術。奈米技術必須滿足兩個基本條件：尺寸約小於 100nm，同時必須具有由尺寸效應而導致的小尺寸效應、表面界面效應、量子尺寸效應和量子隧道效應等。

　　奈米技術作為一種空間平台技術，其研究範疇涉及了許多學科和技術領域，如：奈米物理學、奈米化學、奈米生物學、奈米電子學、奈米材料學、奈米機械學、奈米顯微學、奈米醫學、奈米測量學、奈米資訊學等。

　　隨著人們對生命領域認知的不斷深入，知道生物世界是由奈米級單元所構成，並且生命系統是由奈米級分子的行為所控制的。例如，血液中紅血球的大小為 6000～9000nm，一般細菌的長度為 2000～3000nm，病毒顆粒大小一般為幾十奈米，蛋白質則為 1～20nm，生物體內的 RNA 蛋白質複合體則在 15～20nm 之間，DNA 鏈的直徑為 2nm 等。奈米粒子的尺寸比生物體內的大多數器官小，這為生物學提供了一個新的研究領域，即在奈米層面上，對細胞和生命做進一步的認識。相對應地，對生命本身細微結構認識的深入將使人們不斷得到啟發，有助於對細胞行為進行更好調控，促進新興研究領域的發展。

　　最近兩年國際上以生物學為中心的整合學科（Bio-X）逐漸成

為研究焦點，奈米生物科技就是其中的典型代表。奈米生物科技結合了奈米材料科學、物理學與生物學，在化學與生物之奈米結構的構建、生物大分子結構與功能關係的研究等方面產生重要影響，把生物技術推向一個全新的發展階段。

本書試圖盡可能的對奈米生物科技進行全面的描述。第 1 章介紹了奈米生物科技的發展概況，第 2 章介紹了奈米生物材料，包括奈米生物高分子材料、奈米生物陶瓷、奈米生物複合材料、奈米結構組織工程支架材料以及模板法奈米生物材料製造科學與技術。第 3 章介紹了生物晶片和生物電腦。第 4 章介紹了分子馬達和生物機器人。第 5 章介紹了分子探針和奈米生物感測器。第 6 章對奈米生物技術的研究動態和發展趨勢進行了分析和預測。

本書第 1、3、4、5、6 章由姜忠義編寫，第 2 章由成國祥編寫。

由於作者學識和經驗有限，對奈米生物科技的理解比較膚淺。加之奈米生物科技屬於發展迅速的橫斷科學，涉及範圍非常廣泛，研究工作日新月異，因此，許多新進展和新成果在本書中的介紹難免不夠充分，內容也有不少疏漏甚至錯誤之處，敬請讀者批評指正。

最後，感謝王春艷、吳洪、王艷強、李多、黃淑芳、馮海鋒等在文字編輯方面的幫助。

目　錄

緒　論

1

　　20世紀50年代末，諾貝爾獎得主：物理學家Richard Feynman 在其一篇著名的演講中指出：科學技術發展的途徑有兩條，一條是「自上而下（top-down）」的過程，另一條是「自下而上（bottom-up）」的過程；近幾十年來，科學技術一直沿著「自上而下」的微型化過程發展。如果是由「自下而上」的途徑，用大工具製造出適合製造更小工具的小工具，一直到得能夠到正好能直接操縱原子和分子的工具的話，這可能意味著化學將會變成這樣的一件事情──能精確地按照你的安排一個一個地排放原子；當我們在很小的尺度上對物質的構造擁有某種控制手段時，我們將得到許多新的材料特性，能做

許多不同的事情；如果能夠在原子和分子層面上製造材料和元件，就會有令人激動的嶄新發現；要使這樣的事情發生，就需要有一種能夠操縱奈米結構和測量奈米結構特性的微型儀器。Feynman 的這段話，實質上已預測到一種新的技術的出現，這就是奈米技術。

1981 年，G. Binning 和 H. Rohrer 發明了掃描隧道顯微鏡（STM），用於觀測物質表面的原子分布。1986 年，美國的另兩位科學家提出利用STM對物質進行原子或分子尺度上的加工測量。這一設想在次年被美國國際商用機器（IBM）公司試驗成功。1987 年，IBM 公司用 STM 移動氙原子，在鎳晶體表面上「寫」出了由 35 個氙原子組成的「IBM」字樣。隨後不久，日本日立製作所用STM移去二硫化鉬晶體表面上的一些原子，留下的原子空位組成了每個字母只有 1.5nm 高的「PEACE'91」字樣，科學家們用STM搬移單個原子技術的成功，一下子把人類帶進了一個生機勃勃的全新高科技領域——奈米技術領域。

奈米技術正式步入科學技術界一般從 1990 年算起。1990 年 7 月，在美國巴爾的摩召開了第一屆國際奈米科學技術會議。國際性學術刊物《Nanotechnology》也於 1990 年正式創刊。最近，美國 IBM 公司首席科學家 Armstrong 指出：「正像 20 世紀 70 年代微電子技術引發的資訊革命一樣，奈米技術將成為下一個世紀資訊時代的核心。」作為 21 世紀的全新高科技領域，奈米技術為資訊技術、生命科學、分子生物學、新材料等的發展提供一個新的技術基礎。科學家稱奈米技術為「固體物理

學最後一個未開發的遼闊領域」,「將引起一場產業革命」。因此,科技達國家為搶占這一高新技術的生長點與制高點,都競相將其列為面向 21 世紀的戰略性基礎研究的優先項目,在人力、財力、物力上大力投入。1991年 4 月鑑於海灣戰爭經驗的結論,美國正式把奈米技術列入「對國家繁榮和國家安全至關重要」的技術,高級研究計畫局、國家科學基金會、國家標準與技術研究所等機構以大量資金支持奈米研究開發。在奈米製作領域,美國國家自然科學基金會建立了國家奈米製作用戶網絡。日本利用微米和奈米技術的主要部門是汽車製造、技術自動化和醫療設備等工業。歐洲科學基金會建議把奈米技術列為第五個框架計畫的一個優先研究領域。德國的一些研究機構和企業也在進行奈米技術的超大型研究開發。法國有一個「奈米技術俱樂部」,有許多工業界和學術界的成員參與其中。英國國家物理實驗室推出了國家奈米技術計畫,貿工部推出了 LINK 奈米技術管理計畫,科學與工程科學研究委員會推出了奈米技術管理計畫。現在,英國有 1000 家公司、30 所大學和7 個研究機構積極開展各種奈米技術的應用研究。這些都說明了奈米科技已成為國際科學界和工程技術界關注的焦點。我國也即時地展開了奈米技術的研究和開發,大力地推動了我國奈米技術的迅速發展。

目前,「奈米技術」尚無精確定義,一般是指在奈米尺度範圍內,人類按照自己的意志直接操縱原子和分子或原子團和分子團,進行材料加工以及創製具有特定功能的產品的一種技術。奈米技術必須滿足兩個基本條

件：尺寸約小於 100nm，同時必須具有由尺寸效應而導致的獨特的、非同尋常的或大大提高了的物理、化學或生物性能。如果在顆粒尺寸上滿足了條件，但不具有由尺寸減小所產生的奇異性能，如：小尺寸效應、表面界面效應、量子尺寸效應和量子隧道效應等，那就不能稱為奈米技術。

奈米技術作為一種空間平台技術研究，其範疇涉及了許多學科和技術領域，如奈米物理學（nanophysics）、奈米化學（nanochemistry）、奈米生物學（nanobiology）、奈米電子學（nanoelectronics）、奈米材料學（nanometer material science）、奈米機械學（nanomechanics）、奈米顯微學（nanoscopy）、奈米醫學（nanomedicine）、奈米測量學（nanometrology）、奈米資訊學（nanoinfromatics）、奈米生物技術（nanobiotechnolgy）等。

從現代生物技術發展中，我們不難發現很多分子生物系統本身就是一些完美的奈米機器，構成了奈米技術可行性的證明。事實上，生物技術中的方法已經成為通向奈米技術的方法之一。

生物技術和奈米技術的重要區別在於前者只把自己限制在生物學領域，而奈米技術是一種橫斷技術。它能與各種學科結合起來，促進各學科的發展，也能在其他學科的發展進步中達到自身的完善。

奈米生物技術將奈米技術和生物技術相集成，將成為現代生物工程的重要組成部分，並將在生命科學、醫學、材料學、環境科學等諸多領域具有良好的應用前景。

隨著人們對生命領域的認知的不斷深入，知道生物

世界是由奈米級單元構成，並且生命系統是由奈米級分子的行為所控制的。例如，血液中紅血球的大小為6000～9000nm，一般細菌的長度為 2000～3000nm，病毒顆粒大小一般為幾十奈米，蛋白質的尺寸為 1～20nm，生物體內的RNA蛋白質複合體則在 15～20nm 之間，DNA鏈的直徑為 2nm 等。奈米粒子的尺寸比生物體內的大多數器官小，這為生物學提供了一個新的研究領域，即在奈米層面上，對細胞和生命做進一步認識。相對應的，對生命本身細微結構認識的深入將使人們不斷得到啟發，有助於對細胞行為進行更好調控，促進新興研究領域的發展。因此，將奈米技術與生物技術相結合的奈米生物技術不僅對探索生命本質具有重大科學意義，而且具有重要的應用價值。

　　奈米生物技術在自然界不難找到合適的原型。例如，酶類作為分子機器可以連接、斷裂或重排分子間的鍵；肌肉的運動是透過分子機器拉動纖維來完成。作為數據存儲系統的DNA將數據指示傳遞給生產蛋白質的分子機器──核醣體。應當指出，自然界的分子組裝水準遠遠超出人類現有的加工技術所能夠達到的最高水準。例如，直徑約為 $1\mu m$ 的大腸桿菌的一個細胞的存儲容量就相當於一張高密度光碟的存儲容量；一個核醣體分子能夠以 50 多種蛋白質為前驅體進行有序的自動組裝；真核細胞指導核苷酸合成 DNA 的出錯機率僅有 10^{-11}；綠色植物所轉化的能量和合成的有機化學物的噸位數比世界上現有的化工廠的總生產能力還要多。模仿生物系統的能力來轉化和傳輸能量、合成專用有機化學物、生產

生物質、儲存資訊、識別、感覺、信號發送、運動、自動組裝和複製代表著未來的巨大挑戰，也構成了現代生物技術——奈米生物技術的內涵。

1.1 奈米生物材料

生物材料已是大家熟知的內容，如用於製衣、皮帶的動物皮革是生物材料；用於鑲牙和製作隱形眼鏡的材料，儘管不是生物製品，但是被用於生物體內，也可以歸於生物材料。奈米生物材料也可以分為兩類，一類是適合於生物體內應用的奈米材料，它本身可以是具有生物活性的，也可以不具有生物活性，僅僅易被生物體接受，而不引起不良反應。另一類是利用生物分子的特性而發展的新型奈米材料，它們可能不再被用於生物體，而被用於其他奈米技術或微製造。

奈米生物材料的製造在很大程度上是受生物礦化過程的啟發。生物礦化是指在生物體內形成礦物質（生物礦物）的過程。生物礦化區別於一般礦化的顯著特徵是，它透過有機大分子和無機物離子在界面處的相互作用，從分子層面控制無機礦物的析出，使生物礦物具有特殊的多級結構和組裝方式。生物礦化中，由細胞分泌的自動組裝的有機物對無機物的形成具有模板的作用，使無機礦物具有一定的形狀、尺寸、取向和結構。生物礦化為奈米生物材料的設計加工提供了有效的手段。

1.1.1 矽蟲晶體管

美國和北愛爾蘭的研究者偶然發現了一種能夠嗅出生物戰所用毒氣的「活半導體」。對此一種解釋是：在清洗半導體晶片時，溶解於超純水中的半導體材料會圍繞細菌結晶，形成細菌的保護層。研究者們已經開始嘗試將外面包上硬殼的細菌用於製造生物晶體管：在呼吸和光合作用等產生電子傳遞的生物過程中，光照或者器官的水汽能誘導細菌產生電子，控制生物晶體管的開啟。

1.1.2 生物電線

DNA 雙螺旋結構發現後，人們就有了關於 DNA 電子傳輸能力的想法，DNA分子介導的電子傳輸被認為與DNA損傷及修復有關，因此，在生命活動中非常重要，吸引了許多科學家參與這一領域的研究。例如，當DNA分子受到游離輻射或紫外線照射時會產生電子，這個電子被別的原子捕獲之前可能將沿著DNA分子鏈運動。因此，DNA 可能是快速的、不依賴於距離的電子轉移通道。另外，則是基於將DNA作為奈米導線和奈米元件這一想法。DNA在自然界含量豐富：DNA的物理、化學性質非常穩定；DNA具有獨特的化學性質。鹼基之間的互相配對以及在蛋白質的作用下的可變性，使得它比較容易操作；最重要的是，DNA的直徑僅為 2nm，而其長度跨越微觀和巨觀，如果可能它是作為奈米導線和分子元件的合適材料。

對於DNA分子的導電性的直接測量得到了一些自相矛盾的結果，有的認為是導體，半導體，有的認為是絕緣體，最近的測量結果顯示DNA分子在一定條件下具有超導體性質。研究還顯示 DNA 與 Zn^{2+}、Ni^{2+}、Co^{2+}等二價金屬離子形成的複合物表現出分子導線的行為。關於DNA導電性的爭論仍在繼續，這方面的任何進展，必將引起人們的極大興趣。

近來，科學家透過在DNA的表面覆蓋金屬原子的培植方法，合成了導電的 DNA 鏈。Jeremy Lee 等人發現透過 pH 值的適當調控，DNA 可以穩定地把鋅、鈷、鎳等金屬離子併入其雙螺旋中心，在高的 pH 值條件下可保持穩定狀態，並仍具有選擇性地結合其他分子的能力，由此獲得了新的 DNA 導電體。還有，將 DNA 接在兩個金電極之間，將銀離子交換到表面上，最後將銀離子還原為銀，就成為直徑在 100nm 左右、長度可達微米級的銀線。

1.1.3 奈米陷阱

密西根大學的Donald Tomalia等用樹形聚合物研製了捕獲病毒的奈米陷阱。體外實驗顯示奈米陷阱能夠在流感病毒感染細胞之前捕獲它們，使病毒喪失致病的能力。其原理是細胞表面的唾液酸（Sialic Acid）是流感病毒的受體，可與流感病毒血凝素結合，而合成的單體或多聚體聚合物以多個唾液酸組分為側鏈，也可跟流感病毒表面的血凝素位點結合。當流感病毒結合到單體或多

聚體抑制物表面，就無法再感染人體細胞了。同樣的方
法期望用於捕獲類似愛滋病病毒等更複雜的致病病毒。
此奈米陷阱使用的是超小分子，此分子能夠在病毒進入
細胞致病前即與病毒結合，使病毒喪失致病的能力。

通俗地講，人體細胞表面裝備著矽鋁酸成分的
「鎖」，只准許持「鑰匙」者進入。不幸的是，病毒擁
有矽鋁酸受體「鑰匙」。Tomalia的方法是把能夠與病毒
結合的矽鋁酸位點覆蓋在陷阱細胞（glycodendrimers）的
表面。當病毒結合到陷阱細胞表面，就無法再感染人體
細胞了。陷阱細胞由外殼、內腔和核三部分組成。內腔
可充填藥物分子，將來有可能裝上化療藥物，直接送到
腫瘤上。陷阱細胞能夠繁殖，生成不同的後代，個子較
大的後代可能攜帶更多的藥物。儘管原因尚不明確，所
觀察的特點是越大效果越好。研究者希望發展針對各種
致病病毒的特殊陷阱細胞和用於醫療的陷阱細胞庫。

1.1.4 奈米管藥

化學家Reza Ghadiri最近發現了另外一種讓人驚異的
潛在奈米藥。他發現一種全新的奈米管藥，這種藥可以
殺死細菌，即使細菌已經對傳統抗生素形成抗性。Ghadiri
博士發現如果將含有 8 個胺基酸的環放在細胞膜附近，
它們將自我複製並進入那些細胞膜的管道中，把這些管
道尺寸擴大為直徑約 3nm，長約 6nm，這足夠形成細胞
膜的細孔，結果細胞的許多重要組成成分流失導致細胞
死亡。

　　為了把它的胺基酸環製成有效的殺菌劑，Ghadiri博士必須讓它們進入危險細菌的細胞膜內。他將組成管道的胺基酸側鏈撐成環狀，這些側鏈是一些對管道不重要的原子團，但是可以改變管道與外界的作用方式。

　　細胞膜由脂類分子組成，但不同有機體之間的細胞膜組成脂質是不同的，特別是，細菌的細胞膜組成脂質不同於人類的。透過檢測出胺基酸的不同連接，Ghadiri博士發現了幾個含有 8 個胺基酸的胺基酸環，這些胺基酸環對一種常見病菌葡萄狀球菌的抗生素鏈特別有效。接著他使一些老鼠感染上致命量的葡萄狀球菌，並向不同的老鼠組注射不同劑量的胺基酸環，對照組（沒有被注射胺基酸鏈）死亡，被注射的老鼠繼續存活。Ghadiri博士說這些環不到一個小時就能發揮作用。

　　理論上講，細菌最終還是能形成對這種奈米管藥物的抗性。但是由於構建它們的方法簡單化，模型化，它們的組成很容易改變，因此隨著靶細菌的演化，藥物能相對應地得以修飾。相反，能找到一般抗生素的有效替代物非常困難，所以許多藥物公司對Ghadiri博士的工作表示有興趣，儘管這種藥進入臨床試驗階段還需要等待好幾年。

1.1.5 組織工程材料

　　在自然界，某些細菌細胞膜可以不同程度地礦化，細胞膜外層含有規則排列的蛋白質分子，可作為模板誘導礦化微結構奈米材料合成。模仿上述過程，製成的含奈米纖維的生物可降解材料已經開始應用於組織工程的

體外及動物實驗，並顯示出良好的應用前景。清華大學研究開發的奈米級羥基磷灰石－膠原複合物在組成上模仿了天然骨基質中無機和有機成分，其奈米級的微觀結構類似於天然骨基質。多孔的奈米羥基磷灰石－膠原複合物形成的立體支架為成骨細胞提供了與體內相似的微環境。細胞在該支架上能夠很好地生長並分泌骨基質。體外及動物實驗顯示，此種羥基磷灰石－膠原複合物是良好的骨修復奈米生物材料。

在奈米生物材料研究中，目前研究的焦點和已有較好基礎及做出實質性成果的是藥物奈米載體和奈米顆粒基因轉移技術。這種技術是以奈米顆粒作為藥物和基因轉移的載體，將藥物、DNA 和 RNA 等基因治療分子包裹在奈米顆粒之中或吸附在其表面，同時也在顆粒表面接上專一性的靶向分子，如專一性配體、單株抗體等，透過靶向分子與細胞表面專一性受體結合，在細胞攝取作用下進入細胞內，獲得安全有效的靶向性藥物，並可進行基因治療。

藥物奈米載體具有高度靶向、藥物控制釋放、提高難溶藥物的溶解率和吸收率等優點，可提高藥物療效和降低毒性有害副作用。奈米顆粒作為基因載體具有一些顯著的優點：奈米顆粒能包裹、濃縮、保護核苷酸，使其免遭核酸酶的降解；比表面積大，具有生物親和性，易於在其表面偶聯專一性的靶向分子，提供基因治療的專一性；在循環系統中的循環時間較普通顆粒明顯延長，在一定時間內不會像普通顆粒那樣迅速地被吞噬細胞清除；讓核苷酸緩慢釋放，有效地延長作用時間，並

維持有效的產物濃度，提高轉染率和轉染產物的生物利用度；代謝產物少，副作用小，無免疫排斥反應等。

對專利和文獻資料的統計分析顯示，用於惡性腫瘤診斷和治療的藥物載體主要由金屬奈米顆粒、無機非金屬奈米顆粒、生物降解性高分子奈米顆粒和生物性顆粒構成。由於毒性副作用少，膠體金和鐵是金屬材料中作為基因載體、藥物載體的重要材料。膠體金於 40 年前用於細胞器官染色，以便在電子顯微鏡下對細胞分子進行觀察與分析。膠體金是對細胞外基質膠原蛋白表現出專一結合能力的載體，用於惡性腫瘤的診斷和治療。

在非金屬無機材料中，磁性奈米材料最為引人注目，已成為目前新興生物材料領域的研究焦點。特別是磁性奈米顆粒表現出良好的表面效應，比表面激增，官能團密度和選擇吸附能力變大，攜帶藥物或基因的百分比增加。在物理和生物學意義上，順磁性或超順磁性的鐵氧體奈米顆粒在外加磁場的作用下，溫度上升至 40～45℃，可達到殺死腫瘤的目的。

生物降解性是藥物載體或基因載體的重要特徵之一。透過降解，載體與藥物－基因片段定向進入靶細胞之後，表層的載體被生物降解，內部的藥物釋放出來發揮療效、避免了藥物在其他組織中釋放。可降解性高分子奈米藥物和基因載體已成為目前惡性腫瘤診斷與治療研究的主流，研究和發明中超過 60%的藥物或基因片段採用可降解性高分子生物材料作為載體，如聚乳酸交酯（polylactide, PLA）、聚乙交酯（polyglycolide, PGA）、聚己內酯（polycaprolactone, PCL）、聚甲基丙烯酸甲酯

（polymethyl Methacrylate, PMMA）、聚苯乙烯（polysty-
rene, PS）、纖維素、纖維素－聚乙烯、聚羥基丙酸酯、
明膠以及它們之間的共聚物。這類材料最突出的特點是
生物降解性和生物相容性。透過成分控制和結構設計，
生物降解的速率可以控制，部分聚丙交酯、聚乙交酯、
聚己內酯、明膠及它們的共聚物可降解成細胞正常代謝
物質──水和二氧化碳。

　　生物大分子物質，如蛋白質、磷脂、糖蛋白、脂質
體、膠原蛋白等，利用它們的親和力與基因片段或藥物
結合形成生物性高分子奈米顆粒，再結合上含有 RGD
（R.G.D 分別為精胺酸、甘胺酸及天門冬胺酸的縮寫）
的定向識別器，如此獲得的靶向性物質與目標細胞表面
的整合子蛋白（integrins）結合後將藥物送進腫瘤細胞，
達到殺死腫瘤細胞或使腫瘤細胞發生基因轉染的目的。

　　藥物奈米載體（奈米微粒藥物輸送）技術是奈米生
物技術的重要發展方向之一。若能成功將給惡性腫瘤、
糖尿病和老年性痴呆等疾病的治療帶來重大的變革。

1.2 生物晶片和生物電腦

1.2.1 生物晶片

　　生物晶片是在很小的面積上，裝配一種或集合多種

生物活性，僅用微量生理或生物採樣即可在其上同時檢測和研究不同的生物細胞、生物分子和DNA的特性以及它們之間的相互作用，由此種分析可以從事生命微觀活動規律性的研究。生物晶片具有集合、並行和快速檢測的優點，其發展的最終目標，是將從樣品製造、生化反應到分析檢測的全過程集成化，以獲得所謂的微型全分析系統。

生物晶片可以分為蛋白質晶片和基因晶片（DNA晶片）等幾種類型。

蛋白質晶片的發展經歷了約10年的時間，現已出現相對成熟的技術，如 Pharmacia 的 BIACORE 單元晶片，中科院的光學多元蛋白質晶片和美國SELDI質譜（SELDI mass spectrometry）晶片等。其共同特點是將生物分子作為配基，以單一、或點陣、或序列式固定在固體晶片表面或表面微單元上。利用生物分子間的專一性，待測分子與配基分子在晶片表面會形成生物分子複合物。然後，檢測此複合物的存在與否，達到對蛋白質的探測、識別和純化的目的。但三者在探測方法上有明顯區別。BIACORE技術利用表面電漿共振技術檢測晶片，進行單一蛋白質檢測；光學多元蛋白質晶片是光學成像法，可以同時檢測多種混合的蛋白質；SELDI 技術則採用質譜法，以時間順序檢測序列蛋白質。

基因晶片又稱為 DNA 晶片，它是根據 DNA 雙螺旋原理發展起來的核酸鏈間分子雜合技術：將已知的DNA（探針）和未知的核酸序列之間的一方以有序的陣列固定到晶片上，透過PCR擴增技術將數量放大，再與螢光

標記的另一方進行雜合。當螢光標記的一方在DNA晶片上發現互補序列時即發生雜合，雜合的結果以螢光和模式識別分析來檢測。DNA晶片技術可以快速分析大量的基因資訊。

DNA晶片目前存在的問題主要有，晶片的專一性不夠高；樣品製造和標記操作較複雜；信號檢測靈敏度低；集成化程度低。

近兩年，微米級機器手性能的提高，推動了親和結合晶片（包括DNA和蛋白質微陣列晶片）的發展。親和結合晶片加工方法可以分為以下4種：

(1)是 Affymetrix 公司開發出的光學光刻法與光化學合成法相結合的光引導原位合成法。

(2)是 Incyte Pharmaceutical 公司所採用的化學噴射法，它的原理是將預先合成好的寡核苷酸探針噴射到晶片上指定的位置來製作 DNA 晶片的。

(3)是美國斯坦福大學所使用的接觸式點塗法。該方法是透過使用高速精密機械手所帶的移液頭與玻璃晶片表面接觸而將探針電位點滴到晶片上以完成的。

(4)是透過使用四支分別裝有 A、T、G、C 核苷的壓電噴頭在晶片上做原位 DNA 探針合成的。

1.2.2 生物電腦

隨著微電子技術的快速發展，作為電腦核心元件的積體電路的製造技術已經接近理論極限，半導體矽晶片因電路密集引起的散熱問題實難解決，所以科學家致力

於尋求開發新的材料。在科學探索的道路上，現已閃爍出一束充滿希望的「光」——生物電腦。

早在20世紀50年代，電子學廣泛應用於各種學科，諸如生物學和醫學，使得生物電子學等新型學科應運而生。電子學的引入，為生物學的研究提供了新的手段和方法，促進了生物學的發展。到了20世紀70年代，人們發現：去氧核醣核酸處於不同狀態時可代表有資訊或無資訊。這一發現激起了科學家研製生物電子元件的靈感，美國科學家率先在世界上提出了「生物晶片」的概念，揭開了研究生物電腦的序幕。

生物電腦的主要原材料，是生物工程技術生產的蛋白質分子，並以它作為生物晶片。在這種生物晶片中，資訊以波的方式傳播。當波沿著蛋白質分子鏈傳播時，引起蛋白質分子鏈中單鍵、雙鍵結構順序的變化。因此，當波傳播到分子鏈的某個部位時，它們就像半導體矽晶片中的載流子那樣來傳遞資訊。由於蛋白質分子比矽晶片上的電子元件要小得多，所以其積體密度可以做得很高；更為可貴的是，蛋白質構成的生物晶片有著巨大的存儲容量。因為一個蛋白質分子就可作為一個存儲體，而且蛋白質分子阻抗低、能耗小，相對的較易解決散熱的問題。此外，蛋白質很容易構成立體型的分子排列結構，形成立體生物積體晶片。目前電腦用的晶片幾乎都是二維平面型積體電路。這樣，生物晶片要做成幾十億兆位的生物記憶體，則是一件頗為容易的事了。生物電腦除了具有驚人的容量外，還具有高速處理資訊的能力。它的處理速度比當今最新一代電腦的速度還要快

百萬倍，這為實現電腦的高智能化提供了可行性。

　　由於蛋白質分子能夠進行自我組合，再生新的微型電路，表現出很強的「活」性，使得生物電腦具有生物體的一些獨特優點，它能自我組織、自我修復，它還能模擬人腦的機制。科學家認為，生物電腦最有可能實現人類所追求的「智能」解放。

　　在生物學家、神經學家、電子學家、物理學家、化學家和電腦科學家的通力合作下，美國、日本等國的科學家紛紛投入了生物電腦的研究與開發工作，並已取得了舉世矚目的進展。在日本，從 1984 年開始，每年用於生物電腦的研發經費就高達 80 億日元左右。1985 年日本通產省還將生物電腦的研製列入國家重點開發計畫。在 20 世紀 90 年代，美、日、德等國科學家已成功地發展了光學開關模式，在實驗室製造出光學開關模式的並行處理元件、立體數據記憶體、神經網絡等原型元件。美國科學家伯吉等人用細菌視紫紅質（一種蛋白質）研製出第一台生物電子裝置 I 型機，現在正研製小型化 II 型機。該項研究得到了美國空軍以及多家電腦生產商的聯合資助。細菌視紫紅質蛋白質在週期性光照下會發生週期性結構變化，兩種不同的穩定狀態結構可以構成電腦二進制的邏輯門，這就構成了記憶體的基礎。用這種材料製得的記憶體可用半導體雷射器陣列進行寫入和讀出數據，並可以進行並行運算，數據存取速度高，可實現立體存儲，而且存儲密度可高達每立方厘米 1 萬億比特（bit）。另外，細菌視紫紅質穩定性極高，一般情況下可以保持數十年不變。1998 年美國紐約州立電腦研究中

心又成功地研製出一種以色素蛋白質為主要材料的生物分子晶片，該晶片也具有立體空間資訊儲存能力。與矽片相比，生物晶片開關（0 與 1 之間轉換）快、運算速度高、資訊存儲具有超大容量。

今人驚奇的是DNA研究和發展速度十分驚人。1994年11月美國加利福尼亞大學倫納德‧阿德拉曼博士在《科學》期刊上首先公布了 DNA 電腦工作原理：DNA 分子的編碼相當於存儲的數據，在某種酶作用下，DNA分子間迅速完成化學反應，從一種基因碼變為另一種基因碼，將反應前的基因碼作為輸入數據，反應後的基因碼作為運算結果，可以把電腦語言中的二進制數據翻譯成DNA片段上的遺傳編碼。在製造這種電腦時，首先挑選控制一些 DNA 片段（DNA 是雙螺旋結構，此處所說的DNA片段是指其中的一個鏈）代表不同的變量，以片段之間的接合和斷開來代表「是」與「非」的邏輯判斷，利用生物技術分離出具有特定判斷功能的片段，就可以製成一種新型邏輯判斷電腦。1994 年阿德拉曼在DNA溶液試管中成功地試驗了運算過程。1998 年 9 月，普林斯頓研究所的兩位科學家在世界上首次獲得了DNA電腦的第一項專利，他們透過基因技術和發酵技術製造並生產了能像大量微型電腦一樣處理數據的DNA分子，這是電腦領域的一項重大突破。目前，DNA電腦已經可以對赫姆霍茲等數學問題求解。預計在10～15 年內就可能製造出與微電子晶片相融合的高級 DNA 電腦。DNA 電腦可以進行超大型並行運算，運算速度極快，幾天的運算量就相當於目前世界上所有電腦問世以來的總運算量！1

立方米的DNA溶液的存儲容量可以超過目前世界上所有電腦的存儲量！而且DNA電腦耗能極少，只有一台普通電腦的10億分之一。它可以進行現有電腦無法真正完成的模糊推理功能和神經網絡運算功能，使真正智能電腦得以實現。目前美、日、德等國科學家正在研製一種在微電子晶片上生長神經網絡的方法，希望研製出一種具有生命力的智能神經網絡，並將神經網絡的神經元與電腦晶片連接起來，用電腦來控制晶片上的神經元，進而達到控制動物的神經元的目的。

1.3 分子馬達

分子馬達是由生物大分子構成並將化學能轉化為機械能的奈米系統。天然的分子馬達，如：驅動蛋白、RNA 聚合酶、肌球蛋白等，在生物體內的胞質運輸、DNA複製、細胞分裂、肌肉收縮等生命活動中有著重要的功能。

目前，研究較多的是F_1-ATPase中γ次單位（subunit）的轉動。Noji 將螢光標記的肌動蛋白絲作為一種標誌物和γ次單位結合，此γ次單位位於3個β與3個α次單位組成的六聚體中。F_1-ATPase 和埋在膜內的 F_0（質子運送單元）組成H^+-ATP合成酶，在細胞呼吸和光合作用中可逆地將跨膜質子流與 ATP 合成及水解作用偶聯起來。在有 ATP 時，從膜上方可觀察到螢光標記的肌動蛋白絲

逆時針方向可轉動 100 次以上。最近 Adachi 等又詳細地
分析了單個螢光基團 Cy3 標記於膜上的運動，進一步說
明旋轉是分步進行的，每步轉 120°，證明這種分步運動
是 F_1-ATPase 的固有性質，也就是每個 ATP 分子水解驅動
γ次單位轉動，而且這種運動與γ次單位上的負載無關。

　　旋轉式分子馬達工作時，類似於定子和轉子之間的
旋轉運動，比較典型的旋轉式發動機有 F_1-ATP 酶。ATP
酶是一種生物體中普遍存在的酶，它由兩部分組成：一
部分結合在粒腺體膜上，另一部分在膜外。當質子流經
ATP 酶時產生力矩，推動了 F_1-ATP 酶的γ次單位的旋轉。
F_1-ATP 酶直徑小於 12nm，能產生大於 100pN 的力，無載
荷時轉速可達 17r/s。ATP 酶與奈米機電系統的組合，已
經成為新型奈米機械裝置。

　　分子馬達方面的一個新進展是將 DNA 用於奈米機械
裝置製成 DNA 馬達。2000 年 8 月，Bell 實驗室和牛津大
學的研究者開發了第一個 DNA 馬達。據預測，DNA 馬
達技術可製造比當今快 1000 倍的電腦。在製作 DNA 馬
達時 DNA 既是結構材料，而且也作為「燃料」。

1.4 奈米探針

　　奈米探針由於具有高選擇性和高靈敏度，所以可以
用來探測很多細胞物質、監控活細胞的蛋白質和其他生
化物質。奈米探針還可以探測基因表達和靶細胞的蛋白

質生成，用於微量藥物篩選等。

　　Elghanian 等人將直徑約 13nm 的金微粒黏附上 DNA 鏈，當在溶液中這些 DNA 鏈和互補的鹼基序列結合後就形成 DNA 鏈的網絡，使其中的微粒間距減小，由於金粒的表面電漿共振，體系的顏色從紅色變成藍色。這種方法對病原體檢測簡便經濟。Kasianoviez 等將一種細菌的離子通道（α-溶血素）組裝在人工雙層脂質膜上，在膜兩側加上電壓使通道打開，同時在電場作用下單鏈的 DNA 或 RNA 分子透過 1.5nm 寬的離子通道，由於不同鹼基的理化特性不同以及通道內電荷分布對離子通量的影響非常顯著，因而在核酸鏈經過通道的過程中，隨鹼基序列的不同可以記錄到單通道電流隨時間改變的不同形式。這是一種全新的奈米探測技術，目前的速度已經達到每毫秒 1 個鹼基。

　　研究者正在研製的遺傳畸變探測生物感測器，類似於其他的 DNA 探測感測器。在此感測器上裝配所要探測的特製 DNA 序列。這裡，DNA 鏈是導電的。雜合 DNA 所引起的刪除或變化，均起阻礙電流的作用，透過測量電導的變化可以識別 DNA 的異常狀態。

　　這種生物感測器還能用於鑑別混合物，如：環境毒素、毒品、或蛋白質等，當這類分子結合到金屬 DNA 上，將把金屬離子排斥出來，導致電流中斷，由於信號強度的減少正比於污染物的濃度，所以能夠很容易地確定環境毒素的量。

　　生物大分子用做製作奈米探針現已越來越受到重視。比如，應用一種特殊的被稱為「分子梳」的技術，

可以將DNA分子進行一維的拉直操縱和形成二維的DNA
網絡。在此基礎上，運用原子力顯微鏡（atomic force
microscope, AFM）的探針與DNA分子鏈的相互作用，建
立了一套對單個DNA分子的奈米操縱方法，包括DNA
鏈的切割、折疊、推移等，進而完成了複雜的DNA奈米
圖形在表面的構建。這為對DNA分子物理特性（力學、
電學性能等）的深入研究奠定基礎，將在基於DNA分子
元件和分子線路領域的研究中有重要的應用價值。

　　將奈米技術（DNA分子操縱與AFM高解析度成像）
與生物技術結合。目前已經完成了DNA上非配對位點的
直接的探測。該方法的進一步改進，有望在後基因組研
究及單分子診斷方面有重要的應用價值。甚至可以建立
一種直觀、精確的基因突變位點測定新方法，可對大片
段DNA進行掃描搜索。

1.5 奈米通道技術

　　奈米通道技術是近年來發展的一種直接解讀核酸分
子編碼資訊的新方法，它透過將單鏈核酸上的核苷酸序
列直接轉化為電信號，能以每秒超過1000個鹼基的速度
對其進行超快速序列分析，較現有測序方法更簡便快速
和省錢。該技術除可用於核酸超快速序列分析外，還在
病原體基因診斷、單核苷酸多態性和樣品多成分的快速
檢測等多個領域有重要用途。

　　總之，奈米生物技術的一個重要特徵是利用生物分子的特定功能去構建具有某種功能的產品。透過這些產品的應用，人類將不再為諸如能源危機、環境污染以及愛滋病等頑症所困擾。21 世紀的生物分子機器還會出現可以放在人腦中的奈米電腦，實現人機對話，並且具有自身複製的能力。人類也許還能製造出新的智能生命和進行物種重構。奈米生物技術將對經濟、軍事、科學研究和人類生活產生重要而又深遠的影響，以至於影響到人類自身。

奈米生物材料

2

2.1 生物材料、奈米材料與奈米生物材料概述

　　生物材料是指用於對生物體進行診斷、治療、置換或修復損壞的組織、器官或增進其功能的天然或人造材料。生物材料學科涉及生命科學與材料科學等學科如生物學、醫學、材料學、力學、工程學等的整合開發新領域。目前生物材料包含許多種類如惰性或活性植入材

料、藥物釋放材料、齒科材料、縫合線、創面覆膜，與
體液或血液等接觸的導管、膜、微球、黏合劑等材料，
以及醫療診斷、器械等應用中的感測器材料、探頭材料
和電極材料等等。隨著組織工程學的發展，人們期望由
活細胞和生物材料構建形成活體的組織或器官立體複合
體，以實現人工製造組織和器官的夢想。

生物材料按材料組成可分為生物高分子材料、醫用
金屬材料、生物陶瓷材料和生物複合材料，其中生物高
分子材料種類和用量居首；按材料在生體環境中的生物
化學作用方式可分為生物惰性材料、生物活性材料、生
物降解材料、生物吸收材料等等。生物材料在研究、應
用中的關鍵是其與生物體相互作用時的生物相容性問
題，係指材料與生物體相互作用的生物、化學、物理、
力學等反應，如：免疫反應、血液反應、組織反應、生
化反應等等。

生物材料為許多國家確立的21世紀科技發展的優先
研究領域。目前迅速發展的奈米材料技術的發展為生物
材料提供了更大的機遇。近年來奈米科技有關的美國專
利申請中，與生物醫用相關的專利占一半以上，這也預
示該整合領域未來將有很大的發展。

科學家們預言奈米材料在21世紀將成為生物材料的
核心材料。人們發現，生物體內存在大量的具有特殊功
能的奈米結構，如骨骼、牙齒、肌腱等器官中均在不同
程度上存在著規律分級的奈米組裝結構，而貝殼、甲蟲
殼、珊瑚等天然生物及材料係由一些有機基質如蛋白
質、甲殼素等和碳酸鈣奈米微粒等構建而成，因而有優

異的力學等綜合性能。因此從仿生角度而言，生物體永遠是人們學習的榜樣，由此科學家們也預測奈米生物材料將是以後生物材料發展的重要方向。

奈米生物材料按組成主要可分為高分子奈米生物材料、無機奈米生物材料、金屬奈米生物材料和奈米生物複合材料。奈米生物材料也可以按用途分為兩類：

(1)利用生物分子的特性而發展的新型奈米材料，它們可能不再被用於生物體、而被用於其他奈米技術或微製造。

(2)適合於生物體內應用的奈米材料，它本身既可以具有生物活性，也可以不具有生物活性，而僅僅易於被生物體接受，且不引起不良反應，這類奈米生物材料主要有高分子奈米微粒、無機奈米微粒及具有專一識別、定向誘導功能的組織工程奈米結構生物材料等等。

2.2 高分子奈米生物材料

高分子奈米生物材料從次微觀結構上來看，有高分子奈米微粒、奈米微囊、奈米膠束、奈米纖維、奈米孔結構生物材料等等。下面主要就高分子奈米微粒及其應用做一簡單介紹。

高分子奈米微粒或稱高分子奈米微球，粒徑尺度在 $1\sim1000nm$ 範圍，可透過微乳液聚合等多種方法得到。

這種微粒具有很大的比表面積，出現了一些普通材料所不具有的新性質和新功能。

2.2.1 免疫檢測

目前，奈米高分子材料的應用已涉及免疫分析、藥物控制釋放載體及介入性診療等許多方面。免疫分析現在已作為一種常規的分析方法，在對蛋白質、抗原、抗體乃至整個細胞的定量分析中被大量使用。免疫分析根據其標識物的不同可以分為螢光免疫分析、放射性免疫分析和酶聯分析等。在特定的載體上以共價鍵結合的方式固定對應於分析對象的免疫親和分子標識物，並將含有分析對象的溶液與載體培養，然後透過顯微技術檢測自由載體量，就可以精確地對分析對象進行定量分析。在免疫分析中，載體材料的選擇十分重要。高分子奈米微粒，尤其是某些具有親水性表面的粒子，對非專一性蛋白的吸附量很小，因此已被廣泛地作為新型的標記物載體來使用。

2.2.2 藥物和基因奈米微粒載體

如第 1 章所述，在藥物控制釋放方面，高分子奈米微粒具有重要的應用價值。許多研究結果已經證實，某些藥物只有在特定部位才能發揮其藥效，同時它又易被消化液中的某些生物大分子所分解。因此，口服這類藥物的藥效並不理想。於是人們用某些生物可降解的高分

子材料對藥物進行保護並控制藥物的釋放速度，這些高分子材料通常以微球或微囊的形式存在。藥物經載過運送後，藥效損傷很小，而且藥物還可以有效的控制釋放量，延長了藥物的作用時間。作為藥物載體的高分子材料主要有聚乳酸、乳酸－乙醇酸共聚物、聚丙烯酸酯類等。奈米高分子材料製成的藥物載體與各類藥物，無論是親水性的、疏水性的藥或者是生物大分子製劑，均能夠負載或包覆，同時可以有效地控制藥物的釋放速度。

　　例如中國的中南大學開展了讓藥物瞄準病變部位的「奈米導彈」的磁奈米微粒治療肝癌研究，研究內容包括磁性阿黴素白蛋白奈米粒在正常肝的磁靶向性、在大鼠體內的分布及對大鼠移植性肝癌的治療效果等。結果顯示，磁性阿黴素白蛋白奈米粒具有高效磁靶向性，在大鼠移植肝腫瘤中的聚集明顯增加，而且對移植性腫瘤有很好的療效。

　　靶向技術的研究主要在物理化學導向和生物導向兩個層次上進行。物理化學導向在實際應用中缺乏準確性，很難確保正常細胞不受到藥物的攻擊。生物導向可在更高層次上解決靶向給藥的問題。物理化學導向係利用藥物載體的 pH 敏感、熱敏感、磁敏感等特點在外部環境的作用下（如外加磁場）對腫瘤組織實行靶向給藥。磁性奈米載體在生物體的靶向性是利用外加磁場，使磁性奈米粒在病變部位富集，減小正常組織的藥物暴露，降低毒性副作用，提高藥物的療效。磁性靶向奈米藥物載體主要用於惡性腫瘤、心血管病、腦血栓、冠心病、肺氣腫等疾病的治療。生物導向係利用抗體、細胞

膜表面受體或特定基因片段的專一性作用，將配位子結合在載體上，與目標細胞表面的抗原性識別器發生專一性結合，使藥物能夠準確送到腫瘤細胞中。藥物（特別是抗癌藥物）的靶向釋放面臨網狀內皮系統（reticuloen-dothelial system, RES）對其非選擇性清除的問題。再者，多數藥物為疏水性，它們與奈米顆粒載體偶聯時，可能產生沉澱，利用高分子聚合物凝膠成為藥物載體可望解決此類問題。因凝膠可高度水合，如合成時對其尺寸達到奈米級，可用於增強對癌細胞的通透和保留效應。目前，雖然許多蛋白質類、酶類抗體能夠在實驗室中合成，但是更好的、專一性更強的靶向物質還有待於研究與開發。而且藥物載體與靶向物質的結合方式也有待於研究。

在該類技術能安全、有效進入臨床應用之前，仍需要更多有關諸如更可靠的奈米載體、更準確的靶向物質、更有效的治療藥物、更靈敏且操作性更方便的感測器以及體內載體作用機制的動態測試與分析方法等研究。

2.2.3 DNA 奈米技術和基因治療

DNA 奈米技術（DNA nanotechnology）是指以 DNA 的理化特性為原理設計的奈米技術，主要應用於分子的組裝。DNA複製過程中所體現的鹼基的單純性、互補法則的恆定性和專一性、遺傳訊息的多樣性以及構形上的特殊性和拓撲靶向性，都是奈米技術所需要的設計原理。現在利用生物大分子已經可以完成奈米顆粒的自行

組裝。將一段單鏈的 DNA 片段連接在 13nm 直徑的奈米金顆粒 A 表面，再把序列互補的另一種單鏈 DNA 片段連接在奈米金顆粒 B 表面。將 A 和 B 混合，在 DNA 雜合條件下，A 和 B 將自動連接在一起。利用 DNA 雙鏈的互補特性，可以完成奈米顆粒的自動組裝。而利用生物大分子進行自動組裝，有一個顯著的優點：可以提供高度專一性結合。這在構造複雜體系的自動組裝方面是必須的。

　　美國波士頓大學生物醫學工程所 Bukanov 等研製的 PD 環（PD-loop）（在雙鏈線性 DNA 中複合嵌入一段寡核苷酸序列）比 PCR 擴增技術具有更大的優越性；其引子無需保存於原封不動的生物活性狀態，其產物具有高度序列專一性，不像 PCR 產物那樣可能發生錯誤配對現象。PD 環的誕生為線性 DNA 寡核苷酸雜合技術開闢了一條嶄新的道路，使從複雜 DNA 混合物中選擇分離出特殊 DNA 片段成為可能，並可能應用於 DNA 奈米技術中。

　　基因治療是治療學的巨大進步。質體 DNA 進入目的細胞後，可修復遺傳錯誤或可產生治療因子（如多肽、蛋白質、抗原等）。利用奈米技術，可使 DNA 透過主動靶向作用定位於細胞；將質體 DNA 濃縮至 50～200 nm 大小且帶上負電荷，有助於其對細胞核的有效入侵；而最後質體 DNA 能否插入細胞核 DNA 的準確位點則取決於奈米粒子的大小和結構：此時的奈米粒子是由 DNA 本身所組成，但有關它的物理化學特性尚有待進一步研究。

2.2.4 奈米脂質體——仿生物細胞的藥物載體

　　脂質體（liposome）是一種定時定向藥物載體，屬於靶向給藥系統的一種新劑型。20 世紀 60 年代，英國 A.D. Bangham 首先發現磷脂分散在水中會構成由雙層脂質分子組成的內部為水相的封閉囊泡，由雙層磷脂類化合物懸浮在水中形成的具有類似生物膜結構和通透性的雙層囊泡稱為脂質體。20 世紀 70 年代初，Y. E. Rahman 等在生物膜研究的基礎上，首次將脂質體作為細菌和某些藥物的載體。奈米脂質體作為藥物載體有如下優點：

　(1)由雙層磷脂分子包封水相囊泡構成，與各種固態微球藥物載體相比，脂質體彈性大，生物相容性好。

　(2)對所載藥物有廣泛的適應性，水溶性藥物載入內水相、脂溶性藥物溶於脂膜內，兩性藥物可插於脂膜上，而且同一個脂質體中可以同時包載親水和疏水性藥物。

　(3)磷脂本身是細胞膜成分，因此奈米脂質體注入體內無毒，生物利用度高，不引起免疫反應。

　(4)保護所載藥物，防止體液對藥物的稀釋及被體內酶的分解破壞。

　　奈米粒子將使藥物在人體內的傳輸更為方便，對脂質體表面進行修飾，比如將對特定細胞具有選擇性或親和性的各種配體組裝於脂質體表面，以達到尋靶目的。以肝臟為例，奈米粒子－藥物複合物可透過被動和主動兩種方式達到靶向作用；當該複合物被 Kupffer 細胞捕捉吞噬，使藥物在肝臟內聚集，然後再逐步降解釋放入血

液循環，使肝臟藥物濃度增加，對其他臟器的副作用減少，此為被動靶向作用；當奈米粒子小到約 100～150nm 且表面覆以特殊包被後，便可以逃過 Kupffer 細胞的吞噬，靠其連接的單株抗體等物質定位於肝實質細胞發揮作用，此為主動靶向作用。用數層奈米粒子包裹的智能藥物進入人體後，可主動搜索並攻擊癌細胞或修補損傷組織。

　　奈米粒子作為輸送多肽與蛋白質類藥物的載體是令人鼓舞的，這不僅是因為奈米粒子可改進多肽類藥物的藥物代謝動力學參數，而且在一定程度上可以有效地促進肽類藥物穿透生物屏障。奈米粒子給藥系統作為多肽與蛋白質類藥物發展的工具有著十分廣泛的應用前景。

2.2.5　生物分子吸附分離

　　由於奈米粒子的粒徑很小，具有大量的自由表面，使得奈米粒子具有較高的膠體穩定性和優異的吸附性能，並能較快地達到吸附平衡，因此，高分子奈米微粒可以直接用於生物物質的吸附分離。將奈米顆粒壓成薄片製成過濾器，由於過濾孔徑為奈米量級，在醫藥工業中可用於血清的消毒（引起人體發病的病毒顆粒大小一般為幾十奈米）。透過在奈米粒子表面引入羧基、羥基、磺酸基、胺基等團基，就可以利用靜電作用或氫鍵作用使奈米粒子與蛋白質、核酸等生物大分子產生相互作用，導致共沉降而達到分離生物大分子的目的。當條件改變時，又可以使生物大分子從奈米粒子上掉下來，

使生物大分子得到回收。

2.2.6 侵入診斷和治療

奈米高分子粒子還可以用於某些疑難症的侵入性診斷和治療。由於奈米粒子比紅血球（6～9μm）小得多，可以在血液中自由運動，因此可以注入各種對人體無害的奈米粒子到人體的各部位，檢查病變和進行治療。據報導，動物實驗結果顯示，將載有地塞米松的乳酸－乙醇酸共聚物的奈米粒子，透過動脈給藥的方法送入血管內，可以有效治療動脈再狹窄，而載有抗增生藥物的乳酸－乙醇酸共聚物奈米粒子經冠狀動脈給藥，可以有效防止冠狀動脈再狹窄。除此之外，載有抗生素或抗癌製劑的奈米高分子可以用動脈輸送給藥的方法進入體內，用於某些特定器官的臨床治療。載有藥物的奈米球還可以製成乳液進行腸外或腸內的注射；也可以製成疫苗進行皮下或肌肉注射。

2.3 奈米生物陶瓷材料

奈米陶瓷是 20 世紀 80 年代中期發展起來的先進材料，是由奈米級層面顯微結構組成的新型陶瓷材料，它的晶粒尺寸、晶界寬度、第二相分布、氣孔尺寸、缺陷尺寸等都只限於 100nm 量級的水準。奈米結構所具有的

小尺寸效應、表面與界面效應使奈米陶瓷呈現出與傳統陶瓷顯著不同的獨特性能。奈米陶瓷已成為當前材料科學、凝聚態物理研究的先進焦點領域，是奈米科學技術的重要組成部分。

　　生物陶瓷作為一種生物醫用材料，無毒性副作用，與生物組織具有良好的相容性和耐腐蝕性，備受人們的青睞，在臨床上已有廣泛的應用，用於製造人工骨、骨釘、人工齒、牙種植體、骨髓內釘等。目前，生物陶瓷材料的研究已從短期的替代與填充發展成為永久性牢固種植，從生物惰性材料發展到生物活性材料。但是由於常規陶瓷材料中氣孔、缺陷的影響，該材料低溫性能較差，彈性模量遠高於人骨，力學性能不佳，易發生斷裂破壞，強度和韌性都不能滿足臨床上的要求，致使其應用受到很大的限制。

　　奈米材料的問世，可能使生物陶瓷材料的生物學性能和力學性能大大提高。與常規陶瓷材料相比，奈米陶瓷中的內在氣孔或缺陷尺寸大大減小，材料不易造成穿晶斷裂，有利於提高固體材料的斷裂韌性。而晶粒的細化又使晶界數量大大增加，有助於晶界間的滑移，使奈米陶瓷材料表現出獨特的超塑性。一些材料科學家指出，奈米陶瓷是解決陶瓷脆性的戰略途徑。同時，奈米材料固有的表面效應使其表面原子存在許多懸空鍵，並且有不飽和性質，具有很高的化學活性。這一特性可以增加該材料的生物活性和成骨誘導能力，完成植入材料在體內早期固定的目的。

　　美國的科學家研究了奈米固體氧化鋁和奈米固體磷

灰石材料與常規的氧化鋁和磷灰石固體材料在體外模擬實驗中的差異，結果發現，奈米固體材料具有更強的細胞吸附和繁殖能力。他們猜測這可能是由於以下原因：

(1)奈米固體材料在模擬環境中更易於降解。

(2)晶粒和孔洞尺寸的減小改變了材料的表面粗糙度，增強了類成骨細胞的功能。

(3)奈米固體材料的表面親水性更強，細胞更易於在其上吸附。

此外，人們還利用奈米微粒顆粒小，比表面積大並有高的擴散速率的特點，將奈米陶瓷粉體加入某些已被提出的生物陶瓷材料中，以便提高此類材料的緻密度和韌性，用做骨骼的替代材料，如用奈米氧化鋁增韌氧化鋁陶瓷、用奈米氧化鋯增韌氧化鋯陶瓷等，已取得了一定的進展。

中國四川大學的科學家將奈米類骨磷灰石晶體與聚醯胺高分子製成複合體，並將奈米晶體含量調節到與人骨所含的奈米晶體比例相同，研製成功奈米人工骨。這種奈米人工骨是一種高強柔韌的複合仿生生物活性材料。由於這種複合材料具有優異的生物相容性、力學相容性和生物活性，用它製成的奈米人工骨不但能與自然骨形成生物鍵合，而且易與人體肌肉和血管牢牢長在一起，並可以誘導軟骨的生成，各種特性幾乎與人骨特性相當。另外他們還構思將奈米固體陶瓷材料製造成人工眼球的外殼，使這種人工眼球不僅可以像真眼睛一樣同步移動，也可以透過電脈衝刺激大腦神經，看到精彩世界；理想中的奈米生物陶瓷眼球可與眶肌組織達到很好

的融合，並可以同步移動。

　　在無機非金屬材料中，磁性奈米材料最為引人注目，已成為目前新興生物材料領域的研究焦點。特別是磁性奈米顆粒表現出良好的表面效應，比表面激增，官能團密度和選擇吸附能力變大，攜帶藥物或基因的百分數量增加。在物理和生物學意義上，順磁性或超順磁性的奈米鐵氧物奈米顆粒在外加磁場的作用下，溫度上升至 40～45℃，可達到殺死腫瘤的目的。

　　德國學者報導了含有 75～80%鐵氧化物的超順磁多醣奈米粒子（200～400nm）的合成和物理化學性質。將它與奈米尺寸的 SiO_2 相互作用，提高了顆粒基體的強度，並進行了奈米磁性顆粒在分子生物學中的應用研究，試驗了具有一定比表面的葡萄糖和二氧化矽增強的奈米粒子與工業上可獲得的人造磁珠做了下列各方面的比較：DNA自動提純、蛋白質檢測、分離和提純、生物物料中逆轉錄病毒檢測、內毒素消除和磁性細胞分離等。例如在 DNA 自動提純中，用濃度為 25mg/mL 的葡聚醣奈米磁粒和 SiO_2 增強的奈米粒子懸浮液，對分子量為 1-2KD 的 DNA 分子達到了 $>300ng/\mu L$ 的非專一性 DNA 鍵合能力。SiO_2 增強的葡聚醣奈米粒子的應用使背景信號大大減弱。此外，還可以將磁性奈米粒子表面塗覆高分子材料後與蛋白質結合，作為藥物載體注入到人體內，在外加磁場 $2125×10^3/\pi(A/m)$ 作用下，透過奈米磁性粒子的磁性導向性，使其向病變部位移動，從而達到定向治療的目的。例如 10～50nm 的 Fe_3O_4 磁性粒子表面包裹甲基丙烯酸，尺寸約為 200nm，這種次微米級的粒子

攜帶蛋白、抗體和藥物可以用於癌症的診斷和治療。此種局部治療效果好，副作用少。

　　另外根據 TiO_2 奈米微粒在光照條件下具有高氧化還原能力而能分解組成微生物的蛋白質，科學家們進一步將 TiO_2 奈米微粒用於癌細胞治療，研究結果顯示，紫外光照射 10min 後，TiO_2 奈米微粒能殺死全部癌細胞。

　　其他方面的應用例子還有下列數項：

2.3.1 奈米細胞分離技術

　　20 世紀 80 年代初，人們開始利用奈米微粒進行細胞分離，建立了用奈米 SiO_2 微粒完成細胞分離的新技術。其基本原理和過程是：

(1)先製造 SiO_2 奈米微粒，尺寸大小控制在 15～20nm。結構一般為非晶態，再將其表面包覆單分子層。包覆層的選擇主要依據所要分離的細胞種類而定，一般選擇與所要分離細胞有親和作用的物質作為附著層。這種 SiO_2 奈米粒子包覆後所形成複合體的尺寸約為 30nm。

(2)製取含有多種細胞的聚乙烯吡咯烷酮膠體溶液，適當控制膠體溶液濃度。

(3)將奈米 SiO_2 包覆粒子均勻分散到含有多種細胞的聚乙烯吡咯烷酮膠體溶液中，再透過離心技術，利用密度梯度原理，使所需要的細胞很快分離出來。此方法的優點是：

①易形成密度梯度。

②易進行奈米 SiO_2 粒子與細胞的分離。這是因為奈米 SiO_2 微粒是屬於無機玻璃的範疇，性能穩定，一般不與膠體溶液和生物溶液反應，既不會玷污生物細胞，也容易把它們分開。

2.3.2　細胞內部染色

利用不同抗體對細胞內各種器官和骨骼組織的敏感程度和親和力的顯著差異，選擇抗體種類，將奈米金粒子與預先精製的抗體或單株抗體混合，製造成多種奈米金－抗體複合物。藉助複合粒子分別與細胞內各種器官和骨骼系統結合而形成的複合物，在白光或單色光照射下呈現某種特徵顏色（如 10nm 的金粒子在光學顯微鏡下呈紅色），因而給各種組合「貼上」了不同顏色的標籤，此法提供了一種提高組織內細胞解析度的染色技術。

2.3.3　抗菌和殺菌

生物材料應用於人體後，其周圍組織有伴生感染的危險，這將導致材料的失效和手術的失敗，給患者帶來巨大的痛苦。為此，人們開發出一些兼具抗菌性的奈米生物材料。如在合成羥基磷灰石奈米粉的反應中，將銀、銅等可溶性鹽的水溶液加入反應物中，使抗菌金屬離子進入磷灰石結晶產物中，製得抗菌磷灰石微粉，用於骨缺損的填充和其他方面。

目前已發現多種具有殺菌或抗病毒功能的奈米材料。二氧化鈦是一種光催化劑，普通 TiO_2 在紫外光照射時才有催化作用，但當其粒徑在幾十奈米時，只要有可見光照射就有極強的催化作用。研究顯示在其表面會產生自由基破壞細菌中的蛋白質，把細菌殺死，同時降解由細菌釋放出的有毒複合物。可以在產品整體或部分中添加奈米 TiO_2，再用另一種物質將其固定化，在一定的溫度下自由基會緩慢釋放，使產品具有殺菌或抗菌功能。例如用 TiO_2 處理過的毛巾，只要有可見光照射，毛巾上的細菌就會被奈米 TiO_2 釋放出的自由基殺死。TiO_2 光催化劑適合於直接安放於醫院病房、手術室及生活空間等細菌密集場所。

經過近幾年的發展，奈米生物陶瓷材料研究已取得了可喜的成績，但從整體來分析，此領域尚處於起步階段，許多基礎理論和應用還有待進一步研究。如奈米生物陶瓷材料製造技術的研究——如何降低成本使其成為一種平民化的醫用材料；新型奈米生物陶瓷材料的開發和利用；如何盡快使功能性奈米生物陶瓷材料從展望變為事實，從實驗室走向臨床；大力推進分子奈米技術的發展，早日完成在分子層面上構建器械和裝置，用於維護人體健康等，這些工作還有待材料工作者和醫學工作者的竭誠合作和共同努力才能夠實現。

2.4　奈米生物複合材料

　　從材料學角度來看，生物體及其多數組織均可視為由各種基質材料構成的複合材料。具體來看，生物體內以無機－有機奈米生物複合材料最為常見，如骨骼、牙齒等就是由羥基磷灰石奈米晶體和有機高分子基質等構成的奈米生物複合材料。人們透過仿生礦化方法製造奈米生物複合材料，獲得了優於常規材料的力學性能。

　　按照生物礦化過程原理，美國科學家找到了一種兩性胜肽分子，該兩性分子一端為親水的精胺酸－甘胺酸－天門冬胺酸（RGD），另一端含有磷醯化的胺基酸殘基，親水的RGD序列有利於材料與細胞的黏連，而磷醯化的胺基酸殘基可與鈣離子相互作用。此兩親性胜肽分子能組裝成奈米纖維以促進生物礦化，使之成為模板指導羥基磷灰石（Hydroxyapatite, HA）結晶生長。此兩親性分子奈米纖維溶液可形成類似於骨的膠原纖維基質的凝膠，因此可將凝膠注射至骨缺損處作為生成新骨組織的基質。研究顯示將凝膠置於含酸和磷酸鹽離子的溶液中，20min後體系仿生礦化，HA結晶沿纖維生長，轉變成羥基磷灰石－胜肽複合材料，該奈米生物複合材料堅硬如真骨。

　　中國清華大學研究開發的奈米級羥基磷灰石－膠原複合物在組成上模仿了天然骨基質中無機和有機成分，其奈米級的微結構類似於天然骨基質。多孔的奈米羥基

磷灰石－膠原複合物形成的立體支架為成骨細胞提供了與體內相似的微環境。細胞在該支架上能很好地生長並能分泌骨基質。體外及動物實驗顯示，此種羥基磷灰石－膠原複合物是良好的骨修復奈米生物材料。

2.5 奈米結構組織工程支架材料

2.5.1 組織工程支架材料

組織工程是運用工程科學與生命科學的基本原理和方法，研究與開發生物體替代物來恢復、維持和改進組織功能。其基本構想是首先在體外分離、培養細胞，然後將一定量的細胞種植到具有一定形狀的立體生物材料支架上，並加以持續培養，最終形成具有一定結構的組織和器官。組織工程支架材料主要是可作為組織再生模板的可降解高分子材料。在組織工程中用的基質材料必須具有以下性能：

(1) 良好的生物相容性。

(2) 細胞能在材料表面良好吸附和增殖。

(3) 材料能夠誘導細胞按預製型態生長。

(4) 在新組織長成後，材料能夠在體內降解成對人體無毒的小分子，並透過代謝排出體外。

傳統相容性的概念是指材料應為「惰性」的，不會引發宿主強烈的免疫排斥反應。隨著對材料－生物體相互作用機制研究的進步，這一概念已發展到材料是具有生物活性的，可誘導宿主的有利反應，比如可以誘導宿主組織的再生等。

體外構建工程組織或器官，需要應用外源的立體支架。這種聚合物支架的作用除了在新生組織完全成型之前提供足夠的機械強度外，還包括提供立體支架，使不同類型的細胞可以保持正確的接觸方式，以及提供特殊的生長和分化信號使細胞能表現正確的基因和進行分化，進而形成具有特定功能的新生組織，並且參與工程組織與受體組織的整合過程。

2.5.2　生物材料結構及與細胞間的相互作用

奈米結構生物材料特別是奈米結構組織工程支架材料是伴隨組織工程的發展而產生的。近年來對組織工程中生物材料與細胞間的相互作用的研究發現，材料的微觀結構對細胞在生物材料表面的黏附、生長及定向分化都有很重要的影響。這種材料本身可能不是由奈米粒子構成的，但由於其表面具有奈米結構的特徵，因而也具有一些特殊的性質，如具有特殊識別性、功能誘導性等。這種奈米結構生物材料可以是無機的，也可是有機的，在組織工程中有較廣泛前途的是可降解的生物材料。而製造奈米結構生物材料的方法主要有模板法、分子自動組裝、光刻法以及電漿表面處理等技術。

　　研究顯示聚合物支架可以在下列三個尺度範圍控制組織生長發育的過程：

(1)大尺度範圍（mm～cm）決定工程組織總的形狀和大小。

(2)支架孔隙的型態結構和大小（μm）調節細胞的遷移與生長。

(3)用於製造支架的材料的表面物理和化學性質（nm）可調節與其相接觸的細胞的黏附、鋪展與基因表現過程。

　　聚合物支架表面的空間拓撲結構，尤其是表面的織態結構如材料表面的粗糙程度、孔洞的大小及分布等都對細胞型態、黏附、鋪展、定向生長及生物活性有很重要的影響。目前已發現上皮細胞、成纖維細胞、神經軸突、成骨細胞等的黏附和生長明顯受材料表面結構、型態影響，此現象被稱之為接觸誘導效應。不同的粗糙程度以及不同的表層微觀形貌結構如凹槽型、山脊型、孔洞型等對細胞的黏附、定向生長、遷移都有直接不同的影響。

　　利用血細胞型態和生長模式的超微評估方法，發現與光滑表面相比，上皮細胞和成纖細胞更易附著於微粗糙表面（即表面的起伏在 10nm～50μm 範圍以內），而且在該表面生長更快，表現出更密集的細胞生長現象，說明微粗糙表面能增強細胞的黏附。同時對表層微觀形貌結構對細胞的極化和定向生長的影響研究發現，表面規則凹槽形的深度和寬度都對細胞生長有影響，但比較而言，凹槽深度對細胞的定向生長的影響要大於凹槽寬

度的影響；通常隨著凹槽深度加深，它對細胞的定向生
長的影響也變大，但隨著凹槽寬度加寬，其對細胞的定
向生長的影響卻變小；同時凹槽間的間隔對細胞的定向
生長也有影響，隨著凹槽間隔的變大，其對細胞的定向
生長的作用逐漸消失；當表面同時存在大小不同的凹槽
時，細胞更傾向於在較大凹槽內生長。同時研究還發
現，不同的細胞類型對凹槽深度的反應是不同的，如
P388D1 巨噬細胞的反應尺度至少不大於 44nm，上皮細
胞、內皮細胞、成纖細胞等的反應尺度至少不大於70nm。
當凹槽的寬度明顯大於細胞尺寸時，細胞的定向反應不
明顯，而當凹槽的寬度比細胞尺寸小或相當時，細胞的
定向反應就很明顯了；對於表面具有孔洞型結構研究發
現，當孔徑較小時（如 $2\sim5\mu m$）細胞在其表面的生長速
率要比孔徑大時（如 $10\mu m$）大得多，且孔洞尺寸與材料
忌水性對組織反應影響程度相比，孔洞尺寸更為重要。
如 Richter 等人在石英材料表面蝕刻不同尺寸的孔洞，發
現鼠成纖細胞 L929 在比細胞尺寸小的孔洞（$5\mu m$）表面
上的生長狀況良好，細胞能將孔完全覆蓋；細胞能將偽
足伸入與細胞尺寸大小相似的孔洞（$10\mu m$）內，鋪展主
要發生在孔與孔之間的平面上；而超過細胞尺寸的孔洞
（$20\mu m$），細胞已不能將孔完全覆蓋，有一些細胞落在
孔內，保持圓形，不發生鋪展。與光滑表面相比，多孔
結構能顯著增加成纖細胞、軟骨細胞的生長速率。對於
纖維狀材料研究發現，纖維表面曲率的大小對細胞的定
向生長也是有影響的，細胞因能識別小尺寸纖維的表面
曲率而被活化，產生明顯的排列取向。一般認為細胞能

識別的纖維直徑上限為 $20\mu m$。

以前生物材料常常是從材料角度出發而進行設計的，而不是從生物角度來考慮宿主如何使植入材料整合、使組織重建，所以常被有機體視為異物而排斥。為適應生物相容性特別是組織工程的要求，科學家們提出了從仿生角度的構思，製造具有不同層次結構的仿生細胞外基質以作為支架材料。

2.5.3 組裝技術與超分子生物材料

目前，一種基於超分子化學原理所設計開發研究中的先進超分子材料正受到人們密切的關注，這主要歸因於超分子化學已成為一門學科並獲得發展，為超分子材料的開發研究奠定了理論基礎，尤其值得一提的是Lehn Pedersen 和 Cram 曾因在超分子化學方面的貢獻而榮獲 1987 年度諾貝爾化學獎；另外，與傳統材料相比，超分子材料具有許多新的物理特性，充分顯示了誘人的研究開發前景。

超分子（supermolecular）這一術語最早是 1937 年由 Wolf提出來的，它是用來描述由配合物所形成的高度組織的實體。從普遍意義上講，任何分子的集合都存在相互作用，所以人們常常將物質聚集態這一結構層次稱為「超分子」，但這與超分子化學中的超分子不同。以超分子化學為基礎的超分子材料，是一種正處於開發階段的現代新型材料，它一般指利用分子間非共價鍵的鍵合作用（如氫鍵相互作用、電子供體－受體相互作用、離

子相互作用和忌水相互作用等）而製造的材料。決定超分子材料性質的，不僅是組成它的分子，更大程度上取決於這些分子所經過的組裝過程，因為材料的性質和功能寓於其組裝過程中，所以，超分子組裝技術是超分子材料研究的重要內容。

透過超分子組裝來設計開發新型材料，從20世紀80年代以來已引起人們極大的關注。例如，採用超分子組裝技術可獲得所希望的生物材料，或對材料進行進一步的表面改性；科學家們探討了將牛、豬等動物的心包軟組織作為超分子材料來開發利用，研究顯示，牛心包軟組織中膠原分子具有三螺旋結構，而這種具有超分子體系的軟組織材料經過性質的改變可成功用於人工心臟瓣膜的製作等方面。

超分子奈米材料是超分子材料的重要發展方向之一。目前奈米材料研究中重視的人工奈米結構組裝體系，適用於設計開發超分子奈米材料。研究顯示，採用模板合成法可製得窄粒徑分布、粒徑可控、易摻雜和反應易控制的超分子微粒。另外透過分子識別和自動組裝，對分子間相互作用加以利用和操控，在更廣泛的空間創造新的材料，這也正是目前超分子材料開發研究所追尋的目標。

現有研究發現生物體中的超分子現象有：

(1)在蛋白質的各級結構中，除了一級結構之外，二、三、四級結構中均存在超分子體系。

(2) DNA 的二級結構（雙螺旋結構）是一個超分子體系，並且與生物活性密切相關。

(3) RNA 的二級結構也存在超分子體系。

(4)生物膜的結構中具有脂質雙親性螺旋結構，這就是一個天然的溶致液晶結構。

許多學者對生物膜的結構提出了若干模型，如有單價膜模型、流動脂質－蛋白質鑲嵌模型和晶格鑲嵌模型等，這些模型都表現出生物膜的超分子溶致液晶特性。最近的研究顯示，超分子膜模型既涵蓋了其他模型都涉及的生物膜的超分子液晶特性，又突出了分子識別和自動組裝等過程對生物膜的性質及功能可能產生的影響。

超分子生物材料就是利用上述生物體的超分子效應，一方面開發利用天然的、具有超分子體系的蛋白質材料、核酸材料和生物膜材料等；另一方面是設計開發人工生物膜等新材料。其中，人工生物膜已取得驚人的成果，現已廣泛地應用於海水淡化和軍事等領域。

天然生物材料的優點是其所含的資訊（如特定胺基酸序列）利於細胞附著，或保持分化功能，其缺點是許多天然材料每批不同或批量大小有差異。合成聚合物則能精確控制分子量、降解時間、忌水性等，但它們與細胞的相互作用不夠理想。把天然聚合物與合成聚合物組裝，可將天然聚合物與合成聚合物的優點相加。目前在生物表面製造自動組裝膜（self-assembled monolayer, SAM）以改進細胞親和性的研究已普遍受到關注。

組裝膜是分子透過化學鍵相互作用自發吸附在固－液或氣－固界面，形成熱力學穩定和能量最低的有序膜。吸附分子存在時，局部已形成的無序單層可以自我再生成更完善的有序體系。SAMs 的主要特徵有：原位自

發形成、熱力學穩定；無論基底形狀如何均可形成均勻一致的、分子排列有序的、高密堆積和低缺陷的覆蓋層。現在已發展了多種 SAMs，如有機矽烷在羥基化表面，硫醇、二硫化物和硫化物在金、銀、銅表面等。

細胞外基質為複雜的蛋白質和糖胺聚糖形成的物理與化學交聯網絡，此基質使細胞在空間組構，且為其提供環境信號，介導位點專一細胞黏連，並形成一組織與另一組織的間隔。透過在生物材料表面加入化學信號，使其和細胞膜表面相對應受體組裝形成配合物，可以完成分子識別而用於組織工程。如以RGD寡胜肽引入聚合物表面可使其誘發所期望的細胞反應。另外，可進一步對生物材料進行表面工程化，如以適宜的自動組裝單層可調控表面化學結構。

例如聚羥基丁酸酯（Poly-3-hydroxybutyrate, PHB）是微生物在不平衡生長條件下儲存於細胞內的一種天然高分子聚合物，廣泛存在於自然界許多原核生物中。它具有很多優良的性質，如：生物可降解性、生物相容性、壓電性、光學活性、無毒性、無刺激性、無免疫原性等特殊性質。由於PHB是在細胞內合成的，其本身具有一些有利於細胞附著和分化的細胞資訊，是用來做仿生細胞外基質的理想材料。PHB 作為組織工程材料已在軟骨、骨、皮膚、心臟瓣膜、血管、神經等組織工程方面得到應用。但由於PHB本身親水性較差，應用中通常需要對其表面進行修飾，這不僅能提高 PHB 材料的親水性，同時透過表面修飾的手段如自動組裝技術和模板技術，以得到表面具有奈米結構的支架材料。在我們研究

用聚乙二醇（polyethylene glycol, PEG）來改性聚羥基丁酸酯膜時，也發現有部分聚乙二醇分子能在聚羥基丁酸酯膜上以氫鍵等方式配合組裝，達到了用合成聚合物聚乙二醇改善聚羥基丁酸酯親水性的目的，同時發現細胞可在其上很好的增殖。這種改變性質後的PHB材料可望用於軟骨、皮膚等組織工程。

2.6 模板法奈米生物材料製造科學與技術

2.6.1 模板技術概述

由前面的敘述我們可以初步認識到，材料與細胞的相互作用即所謂生物相容性的本質是二者在不同層次的識別問題，包括小分子層次（肽、離子、胺基酸等）、大分子層次（蛋白質等）、介觀和次微觀層次（脂質體、細胞膜等）、巨觀層次（細胞、組織、營養物等）等，因此對材料學家而言，要設計製造生物相容性良好的生物材料，應最大程度的解決材料的識別問題。

近年來在奈米結構生物材料製造技術研究中，從仿生構思出發的模板技術引人注目，而模板法由於孔的大小和形狀由模板決定，只要製得合適的模板就能控制孔的大小和形狀，進而得到可識別原來模板或類似物的材

料。模板物可以選擇低分子化合物、低聚物、聚合物、分子聚集體、金屬離子和金屬錯合物（metal complexes）甚至細菌等微生物。

　　圖 2-1 顯示了以分子模板製造分子識別材料的簡單方法。該技術先使模板分子（印跡分子）與功能單體靠共價鍵或非共價鍵相互作用形成配合物，然後透過一個高度交聯的反應將這一複合物在空間上固定下來，將模板分子從所合成的聚合物上洗脫掉之後，聚合物基體上將留下與模板分子大小、形狀相同和官能團能與之互補的奈米「孔穴」結構。這些奈米「孔穴」結構能夠在後續的再結合過程中識別和專一性結合模板分子，完成對模板分子的選擇性識別。

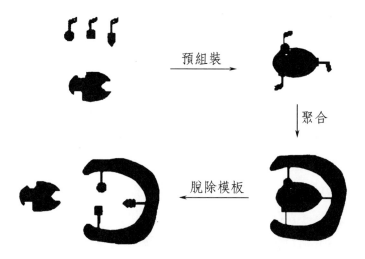

圖 2-1　模板印跡與識別原理示意圖

2.6.2 以小分子為模板──分子印跡高分子微球的製造與應用

2.6.2.1 概述

分子識別和專一性結合是整個生物學普遍存在和特有的現象，廣泛存在於不同的生物大分子之間，例如抗原與抗體之間，蛋白質類激素、植物凝集素、外源凝集素或藥物與受體之間，蛋白酶與受質之間，在生物演化中有著特殊而重要的作用。另外分子識別在許多生物、化學、分離、檢測、催化等過程中常常有著決定性作用，例如，分子結構上的微小差別往往可以決定某個生化反應是否能夠順利進行，因此長期以來科學家們一直努力尋找各種完成分子識別的途徑。20多年前，Wulff等採用一種被稱作分子印跡（molecular imprinting）的技術合成出了對醣類和胺基酸衍生物有識別作用的聚合物，此聚合物被稱為分子印跡聚合物（亦稱分子模板聚合物，molecular imprinting polymers, MIPs）。分子印跡是從仿生角度，採用人工方法製造對特定分子（模板）具有專一性結合的聚合物的技術。MIPs帶有許多固定形狀和大小的孔穴，孔穴內通常帶有確定排列的功能基團，它對印跡分子的立體結構具有記憶功能，有望在專一生物材料、免疫分析、模擬酶、抗體－受體結合模擬、吸附分離、生物及化學感測器、檢測晶片技術等方面獲得應用。

2.6.2.2　分子印跡聚合物基材

製造MIPs至少需要以下這幾種原材料：交聯劑、印跡分子、適當的溶劑，多數的情況下還需要功能單體。根據所要識別的化合物的結構和性質，印跡分子可以是低分子化合物、低聚物、金屬離子或金屬錯合物，也可是分子聚集體，習慣上統稱它們為印跡分子。應用較多的有醣類及其衍生物、胺基酸及其衍生物、蛋白質、核酸、激素、殺蟲劑、酶或輔酶、藥物、染料和多肽等。

分子印跡聚合物基材即聚合物母體材料可以是多孔的有機聚合物、無機聚合物和生物巨分子，下面分別加以介紹：

⑴有機聚合物

起初使用的聚合物母體基本上都採用多孔的有機聚合物、無機聚合物和生物巨分子。實際中應用較多的是交聯的烯類聚合物，這些聚合物一般是無規網絡結構，內部有模板印跡，在這種模板印跡孔穴內有固定的空間排列。交聯烯類聚合物母體主要有凝膠型和大孔型網絡結構兩種。具有大孔型網絡結構的聚合物在實際中應用較多。因為多孔體系對於溶劑、模板和模板類似物進入網絡內部較為容易。這種材料的孔徑可達 10～60nm，這足可使一般印跡分子在孔穴內自由擴散。實際中應用最多的是烯類交聯劑二甲基丙烯酸乙二醇酯（Ethylene glycol dimethacrylate, EDMA）和三羥甲基丙烷三丙烯酸酯（trimethylopropane trimethacrylate, TRIM），這些交聯劑的

聚合物一般具有大孔型網絡結構，交聯度很高，穩定性好，且網絡內部傳質過程較為容易。

(2)無機載體表面及內部孔穴

1949 年 Dickey 首先把無機載體用於分子印跡技術。他以甲基橙作為印跡分子，以酸化的矽酸鹽作為無機單體，引發聚合後，用甲醇洗脫甲基橙，製得了該分子印跡矽膠。這種材料與空白矽膠相比，其對甲基橙的吸附作用大大增加。此後，分子印跡矽膠又被用於分離殺蟲劑和拆分外體。

在固體材料（如矽膠）表面進行修飾是獲得母體材料的一種有效的方法。這類模板材料的選擇性取決於孔穴的形狀和孔穴內功能基團的排列，而與母體本身關係不大。Sagiv 用自動組裝體系進行無機固體表面的修飾。首先在載體玻璃上吸附一層矽烷和分子修飾過的染料混合物，並用化學方法結合成矽氧烷；然後，用溶劑溶解除去染料。這樣在矽烷分子的網絡內就留下了孔穴。這樣的材料優先吸附印跡分子，但對印跡分子的類似物也有較強的吸附作用。固體載體也可以是金、二氧化錫等。

(3)生物巨分子

蛋白質和醣等生物巨分子也可作為分子印跡聚合物母體材料。Sansawatho 等將部分變性的蛋白質經模板修飾後製得帶有新型酶活性中心的產物。Shinkai 等在亞甲基藍存在下用脲脲醯氯交聯水溶性的澱粉，除去亞甲基藍後得到不溶的產物。Kubik 等用直鏈澱粉與有機交聯劑製造了直鏈澱粉的包絡化

合物。用腈脲氯進行分子內和分子間的交聯，可得不溶的複合物。Dabulis 在大量外加的功能受質存在下，把溶解在水中的蛋白質冷凍乾燥，然後再用有機溶劑除去印跡分子，所得的這些產物對印跡分子都有較高的選擇性。

2.6.2.3　分子印跡聚合物微球的製造

⑴分散聚合

Mayes 等首先採用分散聚合法製得了分子印跡聚合物微球。他們製造了一系列全氟代高聚物表面活性劑（PFPS），並在具有化學惰性的全氟代碳化物分散體系中聚合得到粒徑在 $1{\sim}25\mu m$ 的微球。PFPS的製造方法如下：首先將一定量的聚氟乙醇、丙烯醯氯和三乙胺分別溶於適量的氯仿中得溶液 1、溶液 2 和溶液 3，然後將溶液 2 與溶液 3 同時慢慢加入溶液 1 中，在 20℃下恆溫攪拌 24h，然後再過濾、蒸發除去三乙胺和氯仿，製得聚氟化丙烯酸酯（PFAC）；再用聚乙二醇（PEG2000）和丙烯醯胺用上述同樣的方法製得聚乙二醇丙烯醯胺（PEG2000MME）；最後，將 PFAC 和 PEG2000MME聚合即製得 PFPS。他們將此活性劑用於二甲基丙烯酸乙二醇酯（EDMA）的分散聚合中收到了很好的效果，並成功地印跡了 α-天冬醯苯丙氨酸甲酯（α-aspartame），並把該聚合物微球用於 α-aspartame 副產物的分離中。

該方法的特點是可得到形狀規則的微球，並可

透過調節乳化劑的用量控制粒徑在 $1\sim25\mu m$ 內。整個製造過程都是在非極性體系中進行的，因此產物較適合應用於非極性環境中。其製造的關鍵是表面活性劑和惰性分散劑的選擇，實驗顯示，表面活性劑或分散劑選擇不當，就得不到規整的球形粒子。

(2) 沉澱聚合

上述的分散聚合法雖然印跡效果很好，但其製造過程非常繁瑣，製造週期較長，惰性分散劑氟碳化合物昂貴且不易得到。Ye 等採用一種製造簡便、成本低、產率和印跡效果也很好的沉澱聚合法。其製造過程為：將一定量的印跡分子溶於功能單體和溶劑的混合物中並在 60℃ 下用超音波分散 5min，然後再分別加入交聯劑、引發劑，所得溶液用 N_2 吹掃 5min 後，加熱或用紫外線引發聚合 12h 即得分子印跡聚合物微球。他們用此方法，以三羥甲基丙烷三丙烯酸酯（TRIM）為交聯劑、甲基丙烯酸（methyl methacrylate, MMA）為功能單體、二氯甲烷或乙腈（CH_3CN, Acetonitrile）為溶劑印跡了茶鹼和雌二醇，所得微球的平均粒徑分別為 $0.3\mu m$ 和 $0.2\mu m$，產物對印跡分子的選擇性很好。

(3) 多步溶脹懸浮聚合

多步溶脹懸浮聚合主要分為兩個步驟聚合完成，第一步採用無皂乳液聚合法合成粒徑較小的微球；第二步以此微球為種球，將其用一定的乳液進行多次溶脹，然後再引發聚合得到粒徑稍大的微球。Hosoya 等在這一方面做了大量的研究工作。他們採

用無皂乳液聚合的方法製造了聚苯乙烯種球（粒徑約為 1μm），然後再將該種球在一定量的鄰苯二甲酸二丁酯乳液中進行第一次溶脹；在由過氧化二苯甲醯、苯、聚乙烯醇（polyvinyl alcohol, PVA）和水製得的乳液中進行第二次溶脹；在由一定量的交聯劑 EDMA、功能單體 4-乙烯基吡啶、印跡分子 Snaproxen、PVA和水製得的乳液中進行第三次溶脹。最後，加入還原劑引發聚合即得到單分散性很好的聚合物微球，粒徑約為 8μm。

近來，我們對上述方法進行了改進，引入一種製造更加簡單的種子溶脹懸浮聚合的方法。其具體製造方法也是以粒徑約 1μm的聚苯乙烯微球為種子，將其在由交聯劑TRIM、分散劑PVA、致孔劑甲苯和水製成的分散液中溶脹後（約 2h），再加入功能單體、印跡分子和引發劑引發反應即得MIPs。採用這種方法可以製造得到粒徑大小較為均一的、平均粒徑在 50～300μm 之間的球形分子印跡聚合物。我們分別以 MMA 和丙烯醯胺、2-丙烯醯胺-2-甲基丙磺酸（2-acrylamido-2-methyl-1-propanesulfonic acid, AMPS）和 2-乙烯基吡啶為功能單體，以 L-苯丙胺酸（L-Phc）、酪胺酸（Tyr）、西咪替丁、異博丁等為印跡分子製造得到了相應的MIPs微球，該微球對其印跡分子顯示了較為優異的選擇吸附性能。

⑷ **表面模板聚合**

表面模板聚合法是近年內出現的一種全新的方法。Yoshida等首先將此法用於分子印跡技術中，其

製造過程如下：將含有印跡分子（或離子）的水相與含有交聯劑、乳化劑、功能單體的油相混合，經過超音波處理形成 W/O 乳液，再將該乳液分散在外部水相中形成 W/O/W 複合乳液，然後加入引發劑引發聚合，即可得到聚合物微球，微球的粒徑可控制在 $10\sim100\mu m$。

製造過程中，功能單體與印跡分子在乳液界面處配合，形成的配合物就留在反應界面。交聯劑單體聚合後，這種配合物結構就印跡在聚合物的表面，因此，這種方法被稱為表面模板聚合。其最大特點是由於結合位點在聚合物表面，所以印跡聚合物與印跡分子結合的速度比較快。同時，製造過程也是在水溶液中進行，且製造方法較為簡單。用此方法，他們以二-9-十八烯基磷酸（dioley phosphoric acid）為功能單體、二乙烯基苯為交聯劑、聚乙烯醇為乳化劑，印跡了 Zn（Ⅱ），所得微球對 Zn（Ⅱ）的選擇性大大高於對 Cu（Ⅱ）的選擇性。

(5)懸浮聚合

以上三種方法的特點是，聚合反應在水溶液中進行，所得印跡聚合物可應用於極性環境中，這更能夠滿足諸如酶模擬等實際應用環境的要求，同時產物的規整性和單分散性也很好，這在一定程度上提高了MIPs在某些方面（如層析固定相）的使用性能，但這些方法也存在製造步驟繁多、技術複雜、週期較長的缺點。而在許多應用中（如固相萃取劑），對MIPs的粒徑單分散性要求並不高，再採用

上述複雜的製造方法便不太適合。相比之下，懸浮聚合法則具有製造簡單、週期較短等顯著優點。其具體步驟如下：將分散劑羥乙基纖維素加入水中加熱、攪拌使之溶解，再加入印跡分子和功能單體。然後將交聯劑TRIM、稀釋劑（甲苯或乙腈）、引發劑混合後也加入上述溶液中，再加熱引發聚合即得粒徑範圍在 $60～220\mu m$ 的球形 MIPs。我們最近採用這一方法製得了一些胺基酸和藥物印跡的MIPs，結果顯示當將該產物用做固相萃取劑時，其性能與採用種子溶脹懸浮聚合法製造得到的印跡物基本相當。

⑹乳液聚合法

　　與以上介紹的在水相中製造MIPs的方法相比，乳液聚合法製造得到的印跡微球的尺寸要小得多，其平均粒徑一般在 $0.1～1\mu m$ 之間。此類產物常可更好地滿足毛細電泳層析（capillary electrophoresis）、固相微萃取劑、（免疫性）測定探針等的使用要求。近來，我們採用這一方法製造得到了平均粒徑在 $0.169～0.407\mu m$ 的幾種藥物印跡的聚合物微球，並將該微球用做固相為萃取劑對混合藥物的分離收到了一定的效果。

2.6.2.4　分子印跡聚合物的應用現狀

　　MIPs被譽為「萬能的分子識別材料」。這些優點使之在某些方面能夠取代天然的或透過其他方法獲取的具有分子識別性能的材料，如抗體等。在過去一個時期，分子印跡聚合物的應用研究主要集中在以下幾個方面：

(1)相似化合物的分離。

(2)抗體結合模擬。

(3)酶模擬。

(4)生物模擬感測器。

　　這四個方面在今後的一段時間內仍將是研究的重點，對生物模擬感測器的研究更加突出。近來，科學家們已開始探索MIPs的一些新的應用領域，其中在組合化學庫（combinatorial chemistry library）的篩選技術、低濃度分析物的富集、反應過程平衡轉移的控制、副產物的分離等方面已取得了一定的進步。

(1)生物模擬感測器

　　　　近來，生物感測器技術的發展極為迅速，但是用於生物感測器的生物分子卻因為性能不穩定，易被破壞，且種類太少而不能滿足實際應用的需要。由於分子印跡聚合物具有可設計性，種類極其豐富，且堅固耐用，有很強的抗酸、鹼能力，環境適應性很強，因此科學家們設法用MIPs來替代生物分子以適應生物感測器技術發展的要求。將MIPs用於化學感測器的較早的嘗試有：Tabushi 等的印跡局外薄膜和 Andersson 等的維生素 K_1 印跡的聚合物塗層。而報導最早的基於MIPs的感測器則是 1994 年 Mosbach 等製造的電容感測器。這一裝置的結合部分是由帶有苯基丙胺酸苯胺印跡的聚合物膜組成的，一旦結合上分析物質，該裝置的電容量就會發生改變，且改變量的大小與結合分析物的量存在定量的關係，因此可進行對分析物的定量檢測。近來，Panasyuk

等在金的表面鍍上一層聚苯酚印跡塗層製造了電容
感測器也收到了一定的效果。

　　1998年在波士頓召開的有關化學感測器的國際
性會議，對分子印跡技術在生物感測器中的應用的
現況和未來作了全面而系統性地探討，為分子印跡
技術和感測器技術的發展開闢了新的研究方向。

⑵相似化合物的分離

　　結構相似的化合物的分離，尤其是藥物的對掌
異構性拆分是當前分子印跡技術研究中最為活躍的
部分，因為拆分合成藥物一直是製藥工業中的一大
難題，而目前已有的直接對掌異構性合成和酶拆分
等技術，不僅效率低而且適用範圍窄，遠遠不能滿
足生產的需要。分子印跡聚合物能夠識別分子結構
上極其細微的差別，在分離異構物上有其獨到之處，
可用於除去含量很少的對掌異構物，且具有可設計
性，適用範圍廣，因而成為最有前途的分離手段。
最常用的方法是，將待分離的化合物作為印跡分子
製造MIPs，再把該MIPs用做液相層析的固定相進行
分離。儘管目前將MIPs用做層析固定相尚存在柱容
量低、對結構相似的化合物也有一定的吸附等缺點，
但將其用於高效能液相層析儀（high performance liquid
chromatography, HPLC）的固定相依然是最為重要的
應用研究目標。除了液相層析外，MIPs也被用於膜
分離和毛細電泳層析中進行相似化合物的分離。此
外，我們還將製造得到的球形 MIPs 用做固相萃取
劑，完成了對一些胺基酸和藥物混合物的分離。

(3)抗體結合模擬

　　MIPs與印跡分子之間的結合力與選擇性可以和抗體和抗原之間的結合力與選擇性相媲美，甚至更強。這種現象引起了人們極大的興趣。從應用的角度來說，將這些材料用做抗體結合模擬材料，具有快速、穩定、廉價、耐用的特點。Vlatakis等用分子印跡聚合物代替抗體在免疫檢測中檢測藥物的茶鹼及內源性嗎啡等獲得成功。這一方法經進一步改良，有望取代從動物身上分離抗體和用細菌生產抗體的非常繁雜的工作。Whitcombe和Matsui等分別成功地合成了聚合物的膽固醇和阿特拉津（atrazine，一種殺蟲劑）的受體。這些成功可望在醫療檢測中獲得應用。近來，免疫性能測定的研究工作主要集中在尋找一種新的不依賴於無線電波的檢測手段，如螢光標記測定和電化學測定等。

(4)酶模擬

　　MIPs內的孔穴有類似於酶那樣的活性，且孔穴內可以製造出與受質結合兼有催化作用的基團。因而MIPs可模擬酶用於催化反應中。用這類催化劑與用酶做催化劑有許多相似之處，均適用於米氏動力學，催化活性與k_{cat}/ K_m有依賴關係，其中k_{cat}是催化反應的速率常數，K_m是結合常數。而且，這些酶模擬物具有製造容易、穩定性好、催化效率高等優點而被用於醛濃縮反應、酯水解反應、Diels-Alder 反應和β-消去反應等。儘管在催化速度上MIPs還不如天然酶，但它卻具備天然酶所無法比擬的諸多優點：

與有機溶劑良好的相容性、高溫穩定性和可設計性
等。因此，MIPs 大大補充了天然酶在應用中的不
足，豐富了酶催化反應的內容。

⑸組合化學庫的篩選技術

隨著組合化學的迅速發展及其在製藥研究中的
巨大作用，人們急需一種快速地了解組合化學庫裡
各分子的生物特性的方法。在這種背景下，組合化
學庫的篩選技術應運而生。這就需要有大量的、種
類繁多的、適應性較強的分子識別材料，分子印跡
聚合物以其諸多獨到的優點成為首選材料。Ramström
等在這一方面做了卓有成效的工作。他們將以 11-α-
羥基黃體酮（11-α-hydroxyprogesterone）和腎上腺酮
（corticosterone）為印跡分子的MIPs用於HPLC中，
篩選了 12 種結構相關的類固醇。在所有的篩選中，
兩印跡分子始終是組合化學庫的成員之一。結果發
現MIPs對其印跡分子的結合力都比對庫中其他分子
的結合力要大得多。

儘管這些工作剛剛起步，但這一方法卻為組合
化學庫的研究提供了新的途徑，尤其是對於那些性
質不明確的和難以分離提純的受體，這將是一種極
為有用的篩選手段。

⑹微量元素的富集

人們早就認識到，印跡分子難以100%的從MIPs
上洗脫掉，一般總留有少量的殘餘物（約5%）。過
去，人們認為這些殘餘物深陷於聚合物網絡之中而
無法去除，但最近的一些研究工作顯示事實並非如

此。這些經多次反覆洗脫而沒有除去的印跡分子會慢慢地從 MIPs 上「洩漏」掉，利用這一性質，將MIPs用做固相萃取劑去富集低濃度的分析物質會起到驚人的效果。Anderson等採用這一方法富集人體血漿中的sameridine藥物達到了很好的效果。在分析研究中，毫摩爾層面下的微量物質，經這一方法預富集處理後，便可以在氣相層析儀（gas chromatography, GC）上很容易地檢測出來。

(7)平衡轉移的控制

　　Whitcombe 等最近的研究顯示，MIPs 可用於反應過程的平衡轉移的控制中，尤其是對那些熱力學不利的酶催化反應過程，如商業上α-天門冬胺醯苯丙胺酸甲酯（α-aspartame，即阿斯巴甜）的製造過程。α-天門冬胺醯苯丙胺酸甲酯通常是 Z 保護的天門冬胺酸（Z-Laspartamic acid）和L-苯基丙胺酸甲酯（phenylalanine methyl ester）經嗜熱菌蛋白酶（thermolysin）催化濃縮反應得到中間體，再從中間體上除去保護基團 Z 得到。該酶濃縮過程是一個化學轉移平衡過程，且平衡轉化率較低。為提高反應的轉化率，Ramström等將以 11-α-羥基黃體酮作為印跡分子的MIPs用於α-天門冬胺醯苯丙胺酸甲酯（α-aspartame）的製造過程中，該 MIPs 不斷地吸附反應產物α-天門冬胺醯苯丙胺酸甲酯，使平衡反應向反應產物有利的方向轉移，產率由未加MIPs前的 15%提高到 63%。

⑻ **副產物的分離**

　　將MIPs用於副產物的分離是近年來剛剛發展起來的新技術。Ye等在這一方面做了開創性的研究工作。在化學合成α-aspartame 中，會得到一種副產物 Z-β-aspartame，該副產物在反應物中的含量約占 19%。他們以 Z-β-aspartame 為印跡分子製造 MIPs，並用於粗產物的提純，產物經過 5 根分離柱後，α-aspartame 含量由 59%提高到 96%。而用其他的分離柱最多只可達 86%。這種技術可望在實際生產中獲得應用。

2.6.3　以生物巨分子為模板──蛋白質印跡巨分子材料

　　以蛋白質為模板印跡的MIPs可以作為抗體、酶或其他天然生物結構的替代物以及細胞支架材料，在生物技術和醫學等領域顯示出廣泛的應用前景。而蛋白質是一種具有複雜空間結構和生物活性的天然生物巨分子，其模板印跡難度很大，以此作為一種製造對蛋白質具有分子識別特性生物材料的方法，無疑是一種挑戰。

2.6.3.1　蛋白質模板印跡的特點

　　目前，人們對分子量比較低的分子，如糖、類固醇、胺基酸及其衍生物、核苷酸、藥物等用做模板進行印跡已有一些研究工作。蛋白質由於體積龐大、本質脆弱、空間結構和化學性質十分複雜，所以，以其為模板進行印跡不可能像小分子那樣方便。目前來看，至少有

兩方面因素影響對蛋白質的印跡並制約其模板印跡聚合物的合成：空間因素和熱力學因素。空間的影響主要基於龐大的蛋白質模板難以進出聚合物網絡這一思想；從熱力學方面來看，使用蛋白質等非剛性的生物大分子作為模板，在MIPs中很難產生確定的識別點。從這個意義上說，合成對蛋白質具有選擇性的MIPs是一項非常困難的工作。因此，為了成功地印跡蛋白質而使得材料具有專一性識別功能，必須滿足幾個前提：

(1)應該設計一種合適的聚合反應使得脆弱的蛋白質模板能適度完好地保持其結構和構形的完整性。

(2)聚合完成後，蛋白質大分子被洗脫出來時必須保持印跡「孔穴」的奈米空間結構。

(3)印跡聚合物對非專一性蛋白結合應該達到最小，否則，專一性蛋白質識別將被非專一性作用所掩蓋。

2.6.3.2 蛋白質模板印跡的方法及應用研究

儘管蛋白質的印跡非常困難，但迄今為止仍有不少化學家和生物學家根據上述準則進行了有益的嘗試，印跡了各種各樣的蛋白質來製造人工受體。這些方法可分為蛋白質包埋法、微球表面印跡法、平板表面印跡法和抗原表位法等。

(1)蛋白質包埋法

蛋白質包埋法與低分子量化合物模板印跡最常用的本體聚合印跡過程相同。印跡過程中，模板蛋白質分子包埋到本體聚合物中，然後該聚合物被研磨成微米級的粒子，再洗脫掉表面暴露的蛋白質。

如圖 2-2 所示，蛋白質首先透過非共價鍵或共價鍵
與功能單體進行預排布，然後加入交聯劑進行聚合，
實現交聯聚合物對蛋白質的包埋。聚合物被粉碎並
去除模板後獲得與模板蛋白質形狀相同所含官能基
團與之互補排列的印跡「孔穴」。例如，D.L. Venton
等分別製造了脲酶和牛血清白蛋白（bovine serum
albumin, BSA）印跡的聚矽氧烷聚合物，對所得到的
印跡聚合物對兩種蛋白的再結合能力進行評價顯示，
每種蛋白質印跡的聚合物對它的模板蛋白質都表現
出輕微的優先結合。用血紅素蛋白（hemoglobin）和
肌紅素蛋白（myoglobin）進行的研究顯示，模板蛋
白質與它的印跡聚合物結合得更牢固。作者推測互

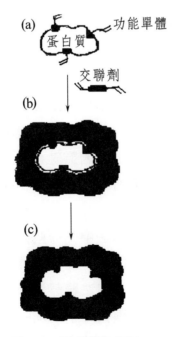

圖 2-2　蛋白質包埋法

補的蛋白質－聚合物相互作用是由於聚合過程中甲基矽烷醇功能單體與蛋白質表面殘基之間的結合產生的。

另一種蛋白質包埋技術顯示了對蛋白質高選擇性的識別。Hjerten 等和 Liao 等使丙烯醯胺在蛋白質存在下聚合形成低交聯密度的層析凝膠，分別以血紅素蛋白、細胞色素 C（cytochrome C）、轉鐵蛋白（transferrin）、人類生長激素（human growth hormone）、核醣核酸酶（ribonuclease, RNase）和肌紅素蛋白為模板的凝膠柱均專一性地吸附其模板分子。這種識別專一性透過印跡了馬肌紅素蛋白的柱子吸附馬肌紅素蛋白而不吸附鯨肌紅素蛋白的例子得到了進一步證實。這種顯著的識別效果是由於蛋白質和聚丙烯醯胺凝膠之間形成的弱鍵（如氫鍵和偶極－偶極相互作用）產生的。因此，只有模板蛋白質才能獲得由於兩個表面——模板蛋白質表面與印跡的孔穴表面互補所產生的大量弱鍵的加和，形成整體的、強的鍵合。另一方面，非模板蛋白質不能吸附到丙烯醯胺凝膠上，因為鍵合相互作用太少，不能克服有利於解吸附的布朗運動和擴散力。

(2)微球表面印跡法

在蛋白質包埋法中，一些模板分子被永遠地包埋在聚合物粒子內部，使得昂貴的模板蛋白質利用率很低。同時，包埋法雖製造過程簡單，但後處理過程煩瑣，需經模板分子的洗脫、研磨、篩分，且粒子的型態很差。微球表面印跡法是一種比較有前

途的印跡方法。該法透過在預製的衍生矽石（二氧化矽）上接枝或覆蓋蛋白質印跡的聚合物來避免上述問題。如圖 2-3 所示，蛋白質首先與功能單體在衍生的微球表面上進行預排布，然後加入交聯劑，圍繞微球表面形成蛋白質部分包埋的聚合物層，洗脫蛋白質後，形成與蛋白質在形狀和功能上有互補表面的模板結合孔穴。這些具有窄分布的球形粒子非常適合用於色層分析。

　　在 Glad 等早期對蛋白質印跡的嘗試中，使糖蛋白類轉鐵蛋白在水溶液中與硼化矽烷相互作用，然後在矽石粒子表面聚合。由於硼酸酯基團在轉鐵蛋白上可與唾液酸產生可逆的相互作用，故硼化酯－矽烷圍繞著轉鐵蛋白的預排布將導致硼酸酯基團合

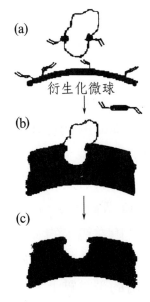

(a)

衍生化微球

(b)

(c)

圖 2-3　微球表面印跡

適的定位，產生對轉鐵蛋白專一的結合孔穴。用轉鐵蛋白製造的聚矽氧烷覆蓋的矽石用於高效能液相層析儀（HPLC）系統，在用BSA作為對比分子時對轉鐵蛋白表現出一定的選擇性。

另外一種方法是基於金屬的配位相互作用。在金屬離子和核醣核酸酶A（RNase A）存在下，一個金屬螯合單體在甲基丙烯酸酯衍生的二氧化矽粒子上聚合。核醣核酸酶A含有兩個表面暴露的組胺酸，與金屬離子進行配位，然後用 EDTA 和脲處理去除蛋白質，所得到的二氧化矽粒子用做 HPLC 的固定相。研究顯示，在金屬離子存在下，RNase A印跡的固定相對 RNase A的親和力比 BSA 印跡的固定相高。相關的研究顯示，在一個錯合物中，只有兩個金屬離子的適當定位也能對互補的蛋白質類、生物咪唑提供強的結合和高的選擇性。但是金屬的配位錯合只能用於表面暴露片段含有組胺酸的蛋白質的模板印跡。微球表面印跡技術也被報導用甲基丙烯酸和丙烯醯胺在二氧化矽粒子上共聚合形成對葡萄糖氧化酶（glucose oxidase）模板具有印跡識別點的MIPs。

(3)平板表面印跡法

該印跡方法基於射頻放電（radio frequency glow discharge, RFGD）等離子聚合－沉積作用。如圖 2-4 所示，蛋白質吸附在親水的、分子級平坦的雲母表面，以使蛋白質最小地變性，然後一個雙糖類分子薄層覆蓋在吸附的蛋白質上。一經乾燥，這一糖層便透過大量的氫鍵與蛋白質結合。一個平滑的含氟

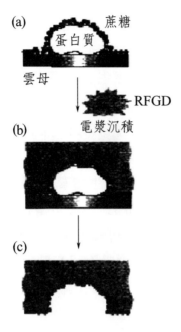

圖 2-4　平板表面印跡法

聚合物薄膜透過發光放電電漿與糖分子作用而沉積。接著去除雲母並溶解蛋白質，一種多醣覆蓋的、具有蛋白質形狀的奈米凹坑便形成了。這可以透過穿透式電子顯微鏡（transmission electron microscope, TEM）、原子力顯微鏡（atomic force microscopy, AFM）、X 射線光電子能譜儀（X-ray Photoelectron Spectroscope, XPS）和飛行時間式二次離子質譜儀（Time of fight-Secondary ion mass spectrometer, TOF-SIMS）來檢測。

　　用標記的蛋白質進行的蛋白質吸附測定顯示，許多蛋白質印跡的MIPs，包括白蛋白、免疫球蛋白（immunoglobulin G, IgG）、RNase A和溶解酵母，在

蛋白質混合物中都表現出對相應模板蛋白質的優先結合。動力學研究顯示，蛋白質的識別是由於在親水性的印跡表面產生了動態的蛋白質吸附－交換，即高親和力的模板蛋白質取代吸附弱的、非模板蛋白。同時，可以看到印跡更高的識別專一性還在於模板蛋白質被雲母吸附時具有較高的構象穩定性。在另一個實驗中，抗生物素蛋白鏈菌素（streptavidin, SA）透過微接觸印跡被微定型在雲母上。由螢光顯微鏡和 AFM 檢測可知，所得到的 RFGD－糖印跡在從蛋白質混合物中吸附 SA 時，顯示出獨特的吸附方式，表現出專一性的模板識別。

蛋白質包埋法和微球表面印跡法所得到的微粒或微球主要用於色層分析柱，而該法得到的大而平的蛋白質印跡表面，可望在醫療設備和診斷晶片上得到應用。

⑷抗原表位法

抗原與抗體的專一性結合，是生物體普遍存在的分子識別的一個典型例子。抗原分子上能與抗體專一結合的特定部位，稱為抗原表位（epitope 或稱抗原決定簇antigenic determinant）。蛋白質的抗原表位印跡法就是基於生物體中抗體在識別抗原時只與抗原的一小部分，即與抗原表位作用的原理，並因此而得名。

如圖 2-5 所示，該法基於這樣一種考慮：如果以代表蛋白質結構中小的暴露片段的短肽作為模板進行印跡，則所合成的 MIPs 若能識別所印跡的短

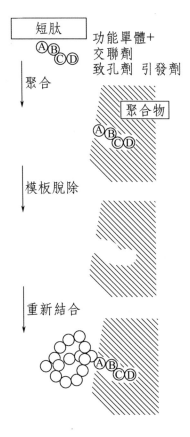

圖2-5　抗原表位法

肽，也將能夠識別整個蛋白質分子。A. Rachkov 等以四肽 Tyr-Pro-Leu-Gly-NH$_2$（YPLG）為模板，製造了 YPLG 印跡的 MIPs，並對其識別性能進行了詳細的色層分析研究。結果顯示，在有機流動相中，該 MIPs 不僅可以識別四肽 Tyr-Pro-Leu-Gly-NH$_2$，對於暴露的片段結構為 Pro-Leu-Gly-NH$_2$的催產素也有較高的選擇性。

從經濟角度來看，這一方法對蛋白質的模板印

跡無疑是一進步，因為短肽相對於昂貴的蛋白質通常是比較便宜的，同時，短肽也比相對應的蛋白質更容易得到。這一方法拓寬了為高效合成對蛋白質具有高選擇性的吸附劑和受體的設計思路。但該法只適用於暴露的片段結構非常清楚的蛋白質的模板印跡和暴露的片段結構不同的蛋白質的分離，對尚不清楚暴露結構的蛋白質顯然是無能為力的。

美國 Ratner 等人在多聚醣表面採用無線波等離子沉積的方法印跡了多種蛋白質，如清蛋白（albumin）、免疫球蛋白、纖維蛋白原（fibrinogen）、溶解酵素（lysozyme）、核醣核酸酶 A、α乳白蛋白（α-lactoalbumin）及谷胺醯胺合成酶（glutamine synthetase）。透過透射電鏡研究發現，在材料表面形成了許多與印跡蛋白質分子形狀相同的奈米大小的孔洞，電子能譜及次級離子質譜分析都顯示在印跡材料表面僅有醣類，而蛋白質模板已被除去。用標記為 I 型蛋白質分子為模板進行印跡，將所得到的印跡材料浸入 I 型蛋白質溶液和另一種蛋白質溶液中進行蛋白質吸附，結果顯示吸附量相當。然而用清洗劑 Tween20 或十二烷基硫酸鈉洗提後，I 型蛋白質的吸附量要遠遠大於其他蛋白。同樣在二元蛋白質溶液中，與印跡模板相同的蛋白質有非常高的選擇吸附性，這種模板識別性隨印跡蛋白質孔洞數量的減少而減弱。不同種蛋白質由於其結構穩定性不同，所產生的模板識別能力也有差異，如以結構不太穩定的α乳白蛋白為模板進行印跡後，其模板識別能力較弱；而結構穩定性強的溶解酵素為模板印跡後，其模板識別能力就較強。

　　對蛋白為印跡材料的理化性能分析研究發現，這種表面結構不僅能提高細胞對材料的黏附能力，也能提高材料的生物相容性，同時透過材料表面與細胞間相互的生物作用，能刺激並誘發所期望的細胞反應，有利於細胞的分化和增殖，這在組織工程中有很好的應用前景。

2.6.4 乳液模板法及組織工程支架材料

2.6.4.1　乳液模板法

　　支架材料中孔的大小和分布對細胞的生長期有很大影響。多孔材料製造的關鍵問題是如何控制孔的大小、形狀和分布以及在孔中引入功能基團和功能分子。製造多孔材料有多種方法，常用的有致孔劑法、相分離法、溶劑蒸發法、層壓法、熔融法及纖維編織等方法。如我們採用氯化鈉、聚氧化乙烯等聚合物為致孔劑，靠致孔劑粒子的大小控制孔徑，致孔劑的用量控制孔隙率，製造出了具有不同孔徑和孔隙率的支架材料，但研究發現這些方法都存在不能精確控制孔的大小、孔的分布及孔的形狀不規則、孔的連通性不好等問題。

　　與小分子的胺基酸及大分子的蛋白質相比之下，乳液是一個相對穩定的自動組裝體系統，粒徑可在 $1\sim1000nm$ 範圍內變動，粒徑和粒徑分布容易控制，因而以乳液為模板用來製造多孔材料，具有很大優勢，所以該方法出現後引起人們的極大關注。

　　乳液模板技術分為陰模技術和陽模技術。乳液陰模

技術是指在分子聚集體內部的微小空間內進行材料製造。乳液陽模技術是指利用具有規整均一外形的乳液微粒為模板,再在微粒上堆砌、組裝以製造所需材料,而進一步定型後可將模板除去而留下規整的孔結構。最近,用乳液陽模法製造多孔材料較為活躍,如乳液液滴模板法、聚合物乳液模板法、乳液聚合物微粒聚集體模板法、逐層凝聚法、無機微粒模板法、表面活性劑模板法、L_3海綿相模板法。由此可見,乳液模板法這一多孔材料新型製造技術具有形式多樣、適應性強、實施方便等特點,且由於乳液特定的尺度範圍,使得製造的多孔材料具有孔徑大小可控制、孔分布週期有序等優點。由於乳液類組裝體系的特性受熱力學因素調控,具有自我適應和平衡特性,因此亦被人稱之為智能模板。

研究者發現,這種奈米結構的生物材料在動物體及人體內廣泛存在。如在人體器官的底膜中,就存在大量的複雜的奈米尺度的孔洞型、山脊型和纖維型結構。Abrams透過掃描電鏡、透射電鏡及原子力顯微鏡對短尾猴的角膜上皮底膜上的特徵結構進行了測量,發現這種特徵結構平均高度在 $147\sim191nm$,纖維的平均寬度有 $77nm$。在整個特徵結構區域中孔洞占 15% 左右,孔洞的平均直徑約為 $72nm$。在人的角膜上皮底膜上也能發現相似的結構。

Shirato 等研究了鼠腎中腎小球底膜,發現它是一種小纖維狀的網絡結構,在內層,小纖維的厚度為 $5\sim9nm$;孔洞寬度為 $11\sim30nm$;在外層,小纖維的厚度為 $6\sim11nm$;孔洞寬度為 $10\sim24nm$。Yamasaki 和其助手在對牛

腎小球底膜中的纖維和孔洞進行了檢測，發現孔洞的直徑在 10nm 附近，纖維的寬度在 3～15nm。根據 Abrams 等人的發現，可以想像如果將組織工程支架構建成表面具有奈米特徵，與生物體相類似的表面結構特徵，將對細胞在其表面的黏附與生長都有很重要的影響。

　　我們已開展了用乳液模板技術來製造具有特定尺寸孔洞的支架材料的研究工作，採用不同的模板可得到不同尺寸的孔徑。採用聚合物乳液模板法可得到 μm 級的孔徑；而用微乳液為模板可得到 nm 級的孔徑。如我們已經採用油-SPAN85-水乳液為模板製造了 PHB 多孔支架材料，掃描電鏡觀察在材料的表面和內部均發現有有規則的孔洞，且孔洞間相互連通、交錯貫穿，形成網狀，孔徑大小在 5～10μm（圖 2-6），孔洞分布也較均勻；而採用油/SPAN85/水微乳液為模板製造 PHB 多孔支架材料

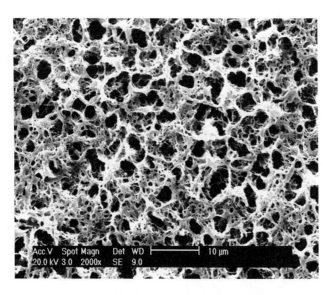

圖 2-6　乳液為模板製造的多孔膜的表面微觀形貌

時，材料的表面和內部不僅發現有微米級有規則的貫通
孔洞，且在微米孔洞壁上及其他地方均發現有100～200nm
的小孔洞（圖2-7），這種小孔洞間也相互連通，形成較
鬆散的網狀結構。這種結構與動物體及人體內廣泛存在
的底膜的結構非常相像，有利於細胞的黏附與增殖，在
組織工程中有較大應用前景。

從圖 2-7 中可看出，由微乳液為模板製得的多孔膜
的表面形貌與以乳液為模板製得的多孔膜的表面形貌大
不相同。與乳液模板法不同，微乳液模板法製得的多孔
膜具有多重孔徑分布的特性，既具有與乳液模板相似的
幾個至幾十個微米的大孔，同時在孔洞壁上還大量分布
幾百個奈米大小的微孔，這種微孔的大小與微乳液的參
數有關，隨著微乳液參數的變化可以很方便地調節微孔
的尺寸。微乳液是製造奈米粒子的一種主要手段，而微

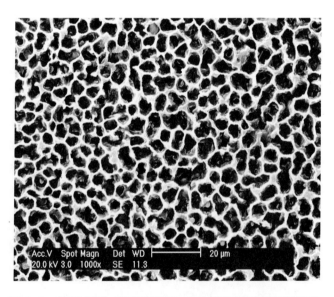

圖 2-7　微乳液為模板製造的多孔膜的表面微觀形貌

乳液模板法也是根據微乳液產生的奈米級的「水池」為模板來製造奈米結構孔洞。下面就對微乳液模板法重點作一介紹。

2.6.4.2　微乳液模板法

以微乳液為模板來製造多孔材料，發現由其製造的孔徑與乳液模板製得的不同，且其孔徑對微乳液參數的相關性更顯著。

體系溶水量 R 值是體系中水與乳化劑用量的摩爾比值，是衡量乳液溶液水性能的基本參數。R 值越大則說明體系溶水量越高，在微乳液中，R 值的大小會影響「水池」中水存在的狀態，一定條件下 R 值與膠束粒子和水池大小成正比。

圖 2-8 是以微乳液為模板，改變微乳液參數 R 值所製得多孔膜的表面 SEM 形貌。總體來講，R 值的改變對多孔膜的孔徑影響不大，基本都保持在 $5\sim10\mu m$，但其對孔壁上的微孔孔徑影響較大，從圖中可看出，隨著 R 值變大，所製得膜的微孔孔徑也在增大，但都在幾百個奈米範圍內。透過電腦統計處理後的數據顯示，隨著 R 的增大，孔徑也變大，在 R 小於 1.5 時，有較好的線性關係，此時對應的微乳液處於相對穩定的狀態，所製得的微孔孔徑與微乳液中「水池」大小相當，兩者有一定的對應關係；而當 R 大於 1.5 時，微乳液結構開始不穩定，隨著 R 值不斷變大，最終解體變成乳液，其微孔孔徑隨 R 值的變化也變得不明顯。

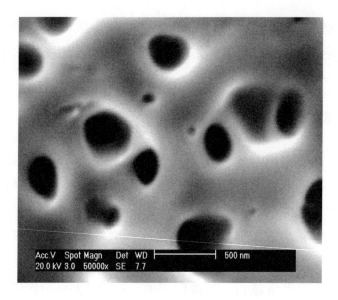

圖 2-8　微乳液模板法製造的多孔膜的微孔的形貌

2.7 結語

　　奈米生物材料作為新型仿生材料正受到人們的普遍
關注，它所展示出的優異性能將使其在人工組織和器
官、藥物載體等方面具有廣泛和誘人的應用前景；奈米
生物材料學為廣泛涉及材料、生物、醫學、工程、奈米
科技等學科的新興整合學科，相信隨著上述學科特別是
材料製造技術和奈米技術的發展，以及人們對生物體自
身認識的不斷深入，奈米生物材料研究和應用將取得長
足的進步。

生物晶片和生物電腦

3

3.1 生物晶片

3.1.1 概況

　　當初次接觸「生物晶片」（biochip）時，許多人會把它當作一種新的電腦微處理器晶片。實際上，生物晶片和微處理器晶片有著本質上的不同。微處理器晶片是

由矽、鍺等半導體材料經微電子加工技術製作的積體電路設備,而生物晶片只是一種執行生物檢測和分析的微型設備。不過從起源和製造技術來說,生物晶片還是與微處理晶片有著一定的淵源關係。早期微處理器晶片的製造經歷了由大變小的過程,這種生產技術的突破使得微電子工業的發展發生了質的飛躍,同時也給人們的日常生活帶來了革命性的影響。微處理器晶片這種製造上的微型化深深啟發了生物學家的思路,使他們產生了用微電子平版印刷技術製造用於生命科學研究和醫療診斷的微型儀器的想法,導致了生物晶片的出現。

生物晶片的設想最早起始於 20 世紀末期,1988 年 Bains 等人創造性地將短的 DNA 片段固定在支持物上,採用反向分子雜合方式進行序列測定,這種測序方法,在設計思路上是對傳統電泳方法的突破。不過由於當時 DNA 片段的固定採用的是人工印跡方法。一張印跡膜上只能固定數十個 DNA 片段,測定 100 多個鹼基對的片段可能需要好幾百個印跡膜,效率十分低下;為了提高效率,就必須提高 DNA 片段的點陣密度,即需要在同樣大小的支持物上固定更多的 DNA 片段。於是借鑑積體電路製造的技術,發明一種生物晶片,自然成為超大型雜合測序技術的發展方向:20 世紀 90 年代光引導合成技術和 DNA 壓電打印/噴印技術的發明,以及雷射共聚焦顯微掃描技術的引入,則直接導致了生物晶片的誕生。

生物晶片技術是近年來微電子學、微機械、電腦、生命科學、化學以及物理學等多學科相互整合的一門高新技術,它的出現推動了胺基酸序列分析、基因表現、

蛋白組學、基因組學研究以及基因診斷等領域的進步，
具有相當重要的理論價值和實際應用價值。透過生物晶
片技術、樣品製造方法（如晶片細胞分離技術）以及生
化反應方法（如晶片免疫分析和晶片核酸擴增）相結
合，許多研究機構和工業界都已開始構建縮微晶片實驗
室。實際上，作為微陣列基礎的微操作系統已經引起了
基因組學的革命，它將提供更為巨量的而且更生動形象
的生命活動數據和資訊。正因為如此，生物晶片將會給
21世紀的生命科學研究帶來一場革命，為各國學術界和
工業界所矚目。

　　生物晶片分類如下：

⑴**根據支持介質劃分**

　　　製造晶片的固相介質有玻片、矽片、巨分子凝
膠、尼龍膜、微型磁球等。在選擇固相介質時，應
考慮其螢光背景的大小、化學穩定性、結構複雜性、
介質對化學修飾作用的反應、介質表面積及其承載
能力以及非專一性吸附的程度等因素。目前較為常
用的支持介質是玻片，無論是原位合成法還是合成
點樣法都可以使用玻片做其固相介質，而且在製造
晶片前對該介質的預處理也相對簡單易行。

⑵**根據製造方法劃分**

　　　晶片製造的方法主要有原位合成與合成點樣。
其中原位合成又可分為光引導聚合法（light-directed
synthesis）和噴墨打印合成法（壓電打印法）。光引
導聚合法在合成前需先對介質進行處理，使之衍生
出羥基或胺基並與光敏保護基建立共價連接，合成

單體的一端用固相合成法活化，另一端與光敏保護基相連。在合成反應過程中，透過蔽光膜使特定的位點透光，其餘位點不透光，只有受光的位點才能脫掉保護基並與特定單體活化端相連，單體的光敏保護端露出，經過若干上述循環反應後，使每個位點按需要合成特定序列的探針。其中每次合成反應中哪些位點上連接哪種單體，由更換不同的蔽光膜來控制。噴墨打印合成法的原理類似於噴墨打印機，透過 4 個噴印頭將 4 種鹼基按序列要求依次噴印在晶片的特定位點上。合成點樣法是指將預先合成好的探針用點樣機點到介質上，點樣前需將介質表面包被胺基矽烷或多聚賴胺酸，使之帶上正電荷來吸附核酸分子。除上述 3 種方法外，還有用聚丙烯醯胺凝膠作為支持介質，將膠塊（$40\mu m \times 40\mu m \times 20\mu m$，間隔 $80\mu m$；或 $100\mu m \times 100\mu m \times 20\mu m$，間隔 $200\mu m$）固定在玻璃上，然後將合成好的不同探針分別加到不同的膠塊上，製成以凝膠塊為陣點的晶片，或者也可以透過導電的吡咯單體的聚合形成微陣列。其基本原理是：在矽片上鍍一層 500nm 厚的金層，透過蝕刻技術在矽片上形成金－微電極，吡咯單體經過聚合在微電極上形成一層聚吡咯膜，其中與吡咯單體相連的探針在吡咯的聚合過程中連到電極上，每種探針的位置透過特定電極的開啟與關閉來控制。Ferguson 利用光纖束建立了光纖生物感測微陣列，它是將每根光纖維（直徑 $200\mu m$）的一端共價連接上寡核苷酸探針，然後將這些連有不同寡核苷酸探

針的光纖維裝配成光纖束，構成光纖微陣列。檢測時只需將光纖束連有不同探針的一端直接浸入靶樣品溶液中即可，產生的螢光雜合信號可透過光纖維傳導至光纖束的另一端，並透過螢光顯微電荷偶聯攝影系統對傳導過來的信號進行檢測。

　　除了原位合成和點樣法之外，近年來又出現了電子晶片和流過式晶片。電子晶片是帶有陽離子的矽晶片，它在電場作用下將生物素標記的探針結合在特定的電極上，其最大特點是雜合速度快，可大大縮短分析時間，不過電子晶片製造複雜，成本較高。流過式晶片需在晶片上製成柵格狀微通道，並將特定的寡核苷酸探針結合於微通道內的特定區域，自待測樣品中分離的 DNA 經 MA 螢光標記後流過晶片，固定的寡核苷酸探針捕獲與之相互補的核酸，並進行信號檢測分析，特點在於敏感性高、分析速度快、價格低，可反覆使用。

⑶根據晶片上的探針劃分

　　按晶片上探針的不同，生物晶片可分為基因晶片（Genechip, DNA chip, 或 microarray）和蛋白晶片（protein chip）；如果晶片上固定的分子是寡核苷酸探針或靶DNA，則稱為基因晶片；如果晶片上固定的是胜肽或蛋白，則稱為胜肽晶片或蛋白晶片。其中基因晶片又包括模式 I 和模式 II 兩種，模式 I 是指將靶 DNA 固定於支持物上，適合於大量不同靶DNA的分析；模式 II 則是將大量探針分子固定於支持物上，適合於對同一靶DNA進行不同探針序列的

分析。

(4)根據晶片的結構和工作原理分

　　根據晶片的結構和工作原理分，生物晶片可分為微陣列晶片（microarray chip）和微流體晶片（micro-fluidic chip）。所謂微陣列晶片，是將基因的片段（DNA 或 RNA）、蛋白質（如抗體）、細胞組織等生物樣品，以微點樣技術或其他技術固定在玻片等基片上製作形成的。通常一塊小小的晶片可以固定數萬個甚至上十萬個樣品點，也就是說這類生物晶片類似於微處理器晶片，有著極大的資訊存儲量和快速的並行處理能力。微流體晶片是結合生物技術、微機械等技術，將實驗室中許多儀器的功能縮小到晶片上來處理的一種微型元件。微流體生物晶片的加工借用的是微電子工業和其他加工工業中比較成熟的微細加工技術。如光學掩模光刻技術、反應離子蝕刻、微注入澆鑄和聚合膜澆鑄法等，在玻璃、塑料、矽片等基底材料上加工出用於生物樣品分離或者反應的微米尺寸的微結構（如過濾器、反應室、微泵、微閥等微結構）。一般這類微結構表面都要先加以必要的表面化學處理，然後才能在微結構上進行所需的生物化學反應和分析。應該說微流體晶片是前述的微陣列晶片的延伸（有人將微陣列晶片稱為第一代生物晶片，而將微流體晶片稱為第二代生物晶片）。

3.1.2 DNA 晶片

　　DNA晶片（DNA chip）技術，是近年來生命科學與微電子學等學科相互整合應用的一門全新的高科技技術，在序列分析、基因表現、基因組研究及基因診斷等領域中，已經顯示其具有理論和實際應用上的重要價值。本章就 DNA 晶片技術的研究背景、概念、技術原理、主要應用方向等作一簡單介紹。

3.1.2.1　研究背景

　　DNA晶片技術隨著人類基因組計畫（Human Genome Project, HGP）的研究發展應運而生，被譽為與阿波羅登月計畫及曼哈頓原子彈計畫相媲美的HGP，於 1986 年 3 月 7 日由Dulbecco首先提出，1990 年 10 月在美國正式啟動，其總目標為在 15 年內投入 30 億美元，測定人類基因組 $3×10^9$bp 全序列，鑑定約4～5萬個人類編碼基因。傳統核酸分子雜合技術如Southern轉漬（Southern blot）、Northern 轉漬（Northern blot）等技術複雜，耗時長，檢測效率低，而人類基因組的大量資訊要求有一種快速、敏感、平行檢測的技術。隨著HGP的逐步實施，越來越多基因序列被解碼，基因的功能將成為「後基因組計畫」時期更加迫切需要解決的課題。這些問題為DNA晶片的誕生提供了客觀需要。

　　20 世紀 80 年代初，人們根據電腦半導體晶片製作中將晶體管集合在晶片上的技術，提出將寡核苷酸分子也集合在晶片上的構想。W. Bains 等將短的 DNA 片段固

定在支持物上，透過雜合進行序列分析，做了有益的嘗
試。直至 20 世紀 90 年代初，美國的 Stephen Fodor 等把
這一構想變成了事實。他們在矽晶片表面塗布一種光敏
材料，採用光蝕刻技術，在光引導下原位合成多肽鏈，
受此啟發，改進技術後合成了 DNA 陣列。1996 年底，由
他們研製的第一塊 DNA 晶片誕生了。

3.1.2.2 技術原理和特點

作為生物晶片的一種，DNA 晶片有許多同義詞，如
基因晶片（gene chip）、DNA 微晶片（DNA microchip），
DNA 陣列（DNA array）、DNA 微陣列（DNA microar-
ray）；此外由於 DNA 是一種寡核苷酸，所以也稱為寡
核苷酸陣列晶片（oligonucleotide array）。

DNA 晶片技術是指採用寡核苷酸原位合成（*in situ*
synthesis）或顯微打印手段，將數以萬計的 DNA 探針片
段有序地固定於支持物表面上，產生平面的 DNA 探針陣
列，然後與標記的樣品進行雜合，透過檢測雜合信號來
進行對生物樣品的快速、並行、高效地檢測或診斷。由
於常用矽晶片作為固相支持物，且在製造過程中運用了
電腦晶片的製造技術，所以稱為 DNA 晶片技術。

Burke 等將樣品的分離、PCR 擴增及標記等樣品準備
工作以及信號檢測過程顯微安排在一塊很小的半導體晶
片內部，建成「晶片實驗室」，即所謂的三維 DNA 晶
片。相對應的，本文討論的上述晶片稱為二維 DNA 晶
片。

DNA 晶片主要有兩種形式：

(1)原位合成的 DNA 晶片（簡稱 DNA 合成晶片，synthetic

genechip），利用顯微光蝕刻（photolithography）或
壓電打印（piezoelectric printing）技術，在晶片的特
定部位原位合成寡核苷酸而製成。

(2)史丹福大學製造的DNA微陣列或微晶片，透過將選
殖基因或PCR擴增出的基因片段有序地顯微打印到
矽晶片或普通的玻片表面製成。

　DNA 晶片的大小為 1cm² 左右，上面有幾十萬至上
百萬個探針位點（feature）、每個位點含有幾百萬個相
同的探針。目前，探針位點的空間解析度為 20μm。在
1.28cm² 矽晶片上，原位合成的 DNA 探針陣列集成度可
達 40 萬點陣；而顯微打印的 DNA 微集陣列的集成度可
達 1～5 萬點陣。

3.1.2.3　技術原理

(1) DNA 晶片的製造

①支持物的選擇與處理

　　　DNA合成晶片常採用半導體矽片、普通玻片
等剛性支持物，在合成寡核苷酸前，要使支持物
表面衍生出活性團基如羥基或胺基，使這些團基
與光敏材料的光敏保護基因形成共價聯結而被保
護起來。

　　　顯微打印的DNA微集陣列常選用聚丙烯膜、
硝酸纖維素膜、尼龍膜等薄膜型支持物，這些支
持物上通常要包被胺基矽烷（amino silane）或多聚
賴胺酸等，使其帶上正電荷以吸附帶負電的DNA
探針。不過，Robert Matson 等以聚丙烯膜為支持

物，用傳統的亞磷醯胺固相法原位合成探針陣列，也可將 DNA 顯微打印到玻片上。

②探針製造及固化

大體上說，探針製造有兩種方法：

(A)在晶片上原位合成寡核苷酸。

(B)晶片以外（off-chip）的探針片段製造方法。

寡核苷酸原位合成又可採用兩種技術、首先是美國 Affymetrix 公司採用的顯微光蝕刻技術。實際操作過程如下：合成前，支持物經處理後，表面活性團基上連接有光敏保護團基而受到保護。合成時，選擇合適的光罩（light mask）保護不需聚合的部位，需要聚合部位因沒有光罩而在紫外光或可見光等照射下，除去該部位的光敏保護團基，活性團基釋放出來，就可以和加入的單核苷酸（如 dAMP）的亞磷醯胺活化端發生化學反應，該單核苷酸的另一端用光敏保護團基保護，以便下一位核苷酸的加入。然後更換光欄，在支持物其餘部位分別加上 dGMP、dCMP、dTMP，完成第一循環（即第一位核苷酸的合成）。每一循環需要四個反應步驟，如此循環，直至目的寡核苷酸合成出來為止。該方法優點在於合成速度快，步驟少，合成探針陣列量大。如合成八核苷酸陣列，只需 $4 \times 8 = 32$ 步，不到 8h，可合成 4^8（65536）個探針。但也存在一些缺陷，如合成反應產率較低，不到 0.95，探針長度較短，一般 2～8mer（聚體）；且每步去保護不徹底會導致雜合信號比較模糊，

背景值較高使信噪比降低，為此，有人用電子射線和酸作為去保護劑以提高產率及點陣密度。

原位合成晶片的另一種技術是美國 Incyte Pharmaceutical 公司等採用的壓電打印法，其技術原理與噴墨印表機相似。由打印機將四種鹼基合成試劑分別打印到經包被的支持物的特定區域上，然後沖洗、去保護，進行寡核苷酸合成的下一循環。合成的探針可達 40～50mer（聚體），每步產率可達 0.99。

上述兩種技術在晶片上原位合成寡核苷酸探針後，該探針即被有序地固化於支持物上。

探針製造的另一種方法是在晶片以外採用常規分子生物學技術來獲得。如：

(A)PCR、RT-PCR 等方法擴增。

(B)分子選殖技術。

(C)人工合成 DNA 片段，在傳統的 DNA 固相合成儀上可以合成少於 100 mer（聚體）的單鏈DNA片段。

上述方法製造的探針透過顯微打印方式，分別固化於晶片上不同區域，製成 DNA 微陣列。

探針可以是合成的短寡核苷酸片段，也可以是從基因組中製造的、較長的基因片段或cDNA；可以是雙鏈，亦可採用單鏈的DNA或RNA片段。也有人用肽核酸（peptide nucleic acids, PNA，一類DNA類似物，以胺基酸取代糖磷酸主鏈）製成探針。

⑵ DNA 晶片的操作

DNA晶片操作的基本過程如下：分離純化的生物樣品先進行擴增、標記，然後與晶片上探針陣列雜合。透過對雜合信號的檢測與分析，即可得出待測樣品的遺傳資訊。

①樣品的準備

由於目前DNA晶片的靈敏度有限，從血液或組織活體中得到的生物樣品（DNA 或 mRNA）通常要進行高效而專一的擴增。擴增一般經由聚合酶鏈鎖反應（polymerase chain reaction, PCR）完成。PCR是 20 世紀 80 年代中期設計的在生物體外模擬生物的DNA複製過程的核酸擴增技術，亦稱無細胞分子選殖技術。它是以待擴增的兩條DNA鏈為模板，在一對人工合成的寡核苷酸引子（primer）的介導下，透過耐高溫DNA聚合酶的催化作用，快速、專一的擴增出特定的DNA片段。它具有專一、敏感、產率高、快速、簡便、重複性好、易自動化等優點；能在一個試管內將所要研究的目的基因或某一DNA片段於數小時內擴增至十萬乃至百萬倍，使肉眼能直接觀察和判斷；可從一根毛髮、一滴血、甚至一個細胞中擴增出足量的DNA供分析研究和檢測鑑定。類似於DNA的天然複製過程，PCR 擴增的專一性依賴於與靶序列兩端互補的寡核苷酸引子。所謂引子就是與待擴增的DNA片段兩翼互補的寡核苷酸。PCR全過程由模板DNA的變性——模板DNA與引子的專一配對——引子

的延伸 3 個基本反應步驟構成，每一個步驟的轉
換則是透過溫度的改變來控制的。傳統 PCR 這種
線性擴增存在一定缺陷，許多公司正設法解決這
個問題。Mosaic Technologies 公司發展了一種固相
PCR 系統，在靶 DNA 上設計一對雙向引子，將其
排列在丙烯醯胺薄膜上。這種方法，無整合污染
且省去液相處理的繁瑣；又如，Lynx Therapeutics
公司提出另一個革新的方法即超大型平行固相選
殖（massively parallel solid phase cloning）。這個方
法可以對一個樣品中數以萬計的 DNA 片段同時進
行選殖，且不必分離和單獨處理每個選殖反應。

　　待測樣品的標記主要採用螢光標記法，也可
用生物素、放射性同位素等標記。樣品的標記在
其 PCR、RT-PCR 擴增過程中進行。常用螢光色素
Cy-3、Cy-4 或生物素標記 dNTP，後者可用抗生物
素蛋白鏈菌素（streptavidin）偶聯的螢光素（fluor-
escein）或麗絲胺（1assamine）或藻紅蛋白（phy-
coerythrin）等引導進一步檢測。DNA 聚合酶選擇
螢光標記的 dNTP 作為受質，參與引子延伸。這樣
新合成的 DNA 片段（即擴增的靶序列）中摻入了
螢光分子。待測樣品和對照可採用雙色螢光標記，
如：待測用綠色，對照用紅色。

②分子雜合

　　待測樣品經擴增、標記等處理後，可與 DNA
晶片上探針陣列進行分子雜合。雜合反應的條件
要根據探針的類型和長度以及晶片的應用來選擇。

如用於基因表現監測，雜合的嚴格性較低、低溫、時間長、鹽濃度高；若用於突變檢測，則雜合的嚴格性高、高溫、時間短、鹽濃度低。晶片上的雜合與常規分子雜合過程不同的是：前者採用探針固化，樣品螢光標記的方式；後者是固定樣品，標記探針（以放射性標記為主），一次只檢測一到幾個樣品，一般需一天左右時間或甚至更長。而DNA晶片將大量探針集合在晶片上，所以一次可以對大量的生物樣品信息進行檢測分析，且雜合過程只需30 min。美國Nanogen公司採用控制電場的方式，使分子雜合速度縮至1min，甚至幾秒鐘。

德國癌症研究院的 Jorg Hoheisel 等以肽核酸（PNA）製成探針，試圖解決DNA二級結構干擾雜合的問題。DNA-DNA雜合需要Mg^{2+}中和鏈內糖磷酸骨架上所帶的負電荷。而PNA-DNA雜合不需要鹽，DNA鏈沒有折疊，靶序列片段可以進去。且PNA-DNA穩定性高，結合專一性更高。

③檢測分析

待測樣品與晶片上探針陣列雜合後，漂洗以除去未雜合分子。攜帶螢光標記的樣品結合在晶片的特定位置上，在雷射的激發下，令螢光標記的DNA片段發射螢光。樣品與探針嚴格配對的雜合分子，其熱力學穩定性較高，所產生的螢光強度最強；不完全雜合（含單個或兩個錯配鹼基）的雙鏈分子的熱力學穩定性低，螢光信號弱（不到前者的 1/35～1/5）；不能雜合則檢測不到螢光

信號或只檢測到晶片上原有的螢光信號（背景
值）。而且螢光強度與樣品中靶分子的含量有一
定線性關係。晶片上這些不同位點的螢光信號被
雷射共聚焦顯微鏡、雷射掃描儀或落射螢光顯微
鏡等檢測到，由電腦記錄下來，然後透過特製的
軟件對每個螢光信號的強度進行定量分析、處理，
並與探針陣列的位點進行比較，就可得到待測樣
品的遺傳信息的分析結果。

　　上述螢光檢測法重複性較好，因而目前被廣
泛應用。但其靈敏度較低，因此許多人正在研究
一些更靈敏、更快速的檢測方法，如質譜法、化
學發光法，光導纖維法及生物感測器法等擬取代
螢光法。

3.1.2.4　應用

(1)基本應用

　　DNA晶片的基本應用在於對大量的生物樣品進
行快速、敏感、高效地定性分析（即定序）與定量
分析（即基因表現的研究）。

　　DNA晶片利用固定的探針與生物樣品的靶序列
進行分子雜合產生的雜合圖譜而排列出待測樣品的
序列，稱為雜合定序（sequencing by hybridization,
SBH）。例如：一個12-mer的靶序列與原位合成的
八核苷酸陣列65536個探針雜合，發出最強螢光信
號的 5 個探針為 TCGGAT CG、CGGATCGA、
GGATCGAC、GATCGACT、ATCGACTT。將雜合探

針根據重疊序列進行排列，即得出靶DNA的互補序
列：TCGGATCGACTT，進而可推導出靶DNA序列。
Murk Chee 等用含 135000 個寡核苷酸探針的陣列測
定了全長為 16.6kb 的人類粒腺體基因組序列，準確
率達 99%。這種方法一次可測定較長片段的DNA序
列，但仍待進一步改進以擴展其應用。

以 DNA、cDNA 或寡核苷酸為探針製造的 DNA
晶片，可直接平行檢測大量 mRNA 的豐度而應用於
基因表現的研究。Lockhart等首先用寡核苷酸陣列來
監測基因表現。研究結果顯示，每個細胞中少至幾
個拷貝或多至幾個數量級的轉錄產物，均可被定量
探測出來。而且還可檢測出外界因素誘導下基因表
現量的變化。一般 20 個探針對足以檢測一個基因的
表現，因此一個晶片就可同時檢測大約 10000 個基
因的表現情況。Schena、Shalon、DeRisi 等分別用
cDNA 微陣列成功地測定了擬南芥、酵母以及人黑
色素瘤細胞株等基因表現的差異性。

(2) 擴展應用

DNA晶片將序列分析和基因表現研究這兩個基
本應用擴展到突變檢測、新基因發現、基因差異顯
示，多態性檢測、基因組作圖、後基因組研究以及
基因診斷等多個領域。這些應用大致可分為兩個方
面：基因診斷和基因組研究。基因診斷是DNA晶片
最具商業價值的應用。基因組研究中，DNA晶片不
僅大大加快定序的速度，降低其費用，而且還可用
於基因組作圖、新基因發現等多個方面。

①基因表現量的檢測

基因晶片的一個重要應用是檢測生物體中不同基因的表現量。基因晶片可以透過比較不同個體或物種之間以及同一個體在正常和疾病狀態下基因表現的差異、尋找和發現新的基因、研究發育、遺傳、演化等過程中的基因功能，揭示不同層面上多基因協同作用的生命過程。這一方面有助於研究人類重大疾病如癌症、心血管疾病等相關基因及其相互作用機制。同時，在藥物研究方面，透過檢測藥物作用對生物體中基因表現量的影響，從整個生物體系的層面上，研究藥物對基因調控和表現網絡的影響，了解藥物的分子層面的作用機制和藥物對不同生物分子途徑的作用方式。基因表現晶片將為研究化學藥物對細胞或組織中不同基因的相互作用提供一個高效的研究工具。

雖然許多疾病具有相似的表型，但其分子的作用機制可能相差很遠。在基因組中腫癌相關基因的轉錄和表現量差異很大。基因晶片可以便捷地在整個基因組上掃描，確定癌細胞中表現異常的基因，對於腫瘤細胞分類和治療、新藥物作用靶點的尋找是十分有價值的。Golub 等人應用 50 個 cDNA 探針組成的基因晶片，透過檢測基因表現的差異進行癌症分類和診斷，成功地應用於人類急性白血病的分類。他們應用這種新方法在沒有其他輔助診斷結果的情況下，可以區分出急性髓細胞性白血病（Acute Myelogenous Leukemia,

AML）和急性淋巴細胞性白血病（Acute Lymphobl-
astic Leukemia, ALL）。並預期這種方法還能夠分
出新的白血病種類。

結合酵母和大腸桿菌的基因組序列信息，透
過組織表現差異來尋找藥物作用點。這種分析可
以進行藥物的高效篩選，Gray 等把基因晶片藥物
設計和組合化學集合在一起，針對 Cdc28p 的活性
作用點設計新的化學抑制劑，檢測了它們在基因
組層面上對生物體的影響，獲得兩類化學結構。
Duke 大學人類基因組中心的 Roses 教授，用基因
晶片技術，鑑定了一種引起肌萎縮側索硬化病
（Lou Gehrig 病）的基因，鑑定出一種載脂蛋白 E
（apoprotein E, apo E）是引起該病的一個主要基因
因子。這一新的藥物靶的點發現，提供新的化學
藥物設計原則。

現在，人們已經清楚地認識到在細胞內藥物
和蛋白質的相互作用（包括專一性和非專一性的
相互作用），將會改變細胞體系的基因動態表現量。

表現型基因晶片的應用將使新藥物發現更為
有效、安全和快捷，專一性強，降低製藥廠對新
藥物投資的風險。Affymetrix 公司已經開始製作一
個把所有已知的 EST（expressed sequence tag，表現
序列標籤）序列製造在一個 100 萬種探針/cm^2 的高
密度基因晶片上，這不僅可以為基因功能的研究
和新基因的尋找提供助力，同時對於診斷標誌物，
藥物分子機制和作用，藥物代謝，安全評價（臨

床試驗前）等方面提供功能更為完善的分析工具。

②基因多樣性與藥物的應用

　　人類基因組計畫完成的圖譜僅僅包含了一組特定個體的完整的基因序列。個體與個體之間的基因組DNA有千分之幾的差別。人們相信，這種差別決定了個體對於疾病的易感性和對於特定藥物的代謝能力的差異。單核苷酸多樣性（single nucleotide polymorphisms, SNPs）是一種最重要的DNA 分子差異，單核苷多樣性（SNP）是指在不同個體的基因組內之等位基因（allele）特定核苷位置上存在兩種或以上不同的鹼基種類。國際上許多大的製藥公司都在建立人類基因組多資料庫。SNP 計畫首先希望鑑別出已知基因編碼區的 SNP（以 cSNP 表示），並尋找出 cSNP 對基因功能的影響。中國人基因多樣性的研究也已經啟動。

　　在透過美國FDA的批准並進入市場以前，大部分藥品要進行數以千計病人長達五年甚至更長時間的安全性研究以及臨床的檢驗。但是，它們仍然會引起十分嚴重和不可預測的不良反應。根據美國醫學學會雜誌 1998 年發表的研究報告。在1994 年大約有 220 萬病人對藥物產生不良反應。其中 106 萬人死亡。

　　基因型與藥物有效性關係是藥物基因組學（pharmacogenomics）的一個重要研究項目。藥物的研究和開發正在從一種藥物適用於所有人的時代，轉變成根據基因組的差異開發出以適用於某

一個體或人群的個體化藥物。一個全新的醫療和藥物的概念將會出現在世人面前。基因晶片將為這一變革提供新的研究工具。

在已開發國家中已經開發出一些可以檢測個體與藥效關係的基因檢測試劑，並已用於臨床。瑞典的 Gemini Gemomocs AB 公司開發了一種基因檢測試劑來決定是否採用 ACE 抑制劑進行治療，ACE 抑制劑（angiotensin-converting enzyme inhibitor 升壓素轉變酵素抑制劑）是高血壓治療中應用較廣的藥物。根據美國國家衛生院統計，在美國每年約有 2400 個兒童和成人死於急性淋巴性白血病。Adverse topurine 是一種特效藥。但是，大約有 10%～15% 的兒童對於該種藥物的代謝太快或太慢。代謝太快則正常的劑量就不可能獲得好的療效，而代謝太慢則藥物可能積蓄到致死量，產生過大的毒性。為此。應用一種基於基因檢測的 TPMT 技術〔硫嘌呤甲基轉移酵素，thiopurine methyl-transferase（TMPT）活性測定技術〕，來判斷病人是否可以採用 Adverse topurine 治療，並為病人選擇適合的化療藥物的劑量。但對於大部分毒性很大的其他腫瘤化療藥物，目前尚無測試的方法。

基因晶片技術的飛速發展以及人們對於 SNP 功能認識的加深，有可能在未來的 10 年內為每一個人建立一個基因多樣位點的檔案。Affymetrix 公司在 1999 年生產出 HuSNP Mapping Assay 基因晶片，可以同時檢測覆蓋 22 條體染色體及 X 染色體

的 1500 個已知位點 SNPs。為分析 SNPs 提供了便捷的方法。Wang 等應用凝膠測序法和高密度基因晶片，對 2.3Mb 人類基因的 SNP 進行篩查。確定了 3241 SNPs 位點，其中 2227 位點用來構建基因圖譜。在此基礎上，發展了一種可以用於同時檢測 500 人類 SNPs 的基因晶片，顯示了超大型鑑別人類基因型的可能性。Nalushka 和范建斌等用高密度晶片在 75 個非洲和北歐居民的 28Mb 的基因序列中獲得了 1480 個等位基因。對人類基因中 SNP 的性質、圖像以及頻率進行了系統和全面的掃描，並尋找他們與血壓異常性疾病的關係。晶片鑑別出 874 個人類 SNPs，其中 22%用 DNA 定序方法進行確認。檢出 SNP 的最低平均等位頻率為 11%。其中在編碼區的 SNPs（coding-region SNPs, cSNPs）有 387 個。54%會導致蛋白質序列的變化。可引起蛋白質變化的 SNPs 占總的 SNPs 38%。應用個體的基因信息檔案，來為該特定病人群體確定最佳的藥物將會成為事實。基因組的變異和缺失能夠引起人類一些疾病或提高人們對於某些疾病的易感性。檢測這類基因突變將開發出新的基因藥物，透過基因藥物的治療來彌補人類基因組中缺陷。

　　透過基因晶片可以快速地檢測和確定致病微生物的基因。鑑定不同亞型或突變株的病毒和細菌。分析和檢測外源性基因組。特別是尋找確認病菌耐藥基因，將有利於幫助人們合理用藥和合

理治療，開發新的抗耐藥菌株的新藥。Troesch 等
應用基因晶片對具有重要臨床價值的分支桿菌
（*Mycobacterium* 包括肺結核菌及非典型分支桿菌）
的所有基因型進行檢測。分支桿菌在人體中能引
起肺結核。通常用藥物作為第一治療方案。基因
晶片可鑑別出抗利福平（rifampin）的分支桿菌種
群。他們用基因晶片從 27 個不同臨床表現病人的
70 株分支桿菌中分離出 15 種抗利福平的菌株。這
將為用基因晶片診斷分支桿菌感染以及指導用藥
提供有效方法，對於新型的檢測試劑的研製，尋
找高效的靶分子以及開發新一代藥物具有重要的
價值。

③基因診斷

從正常人的基因組中分離出 DNA 與 DNA 晶
片雜合就可以得出標準圖譜。從患者的基因組中
分離出 DNA 與 DNA 晶片雜合就可以得出病變圖
譜。透過比較、分析這兩種圖譜，就可以得出病
變的 DNA 信息。這種基因晶片診斷技術以其快
速、高效、敏感、價廉、同步、自動化等特點，
將成為一項現代化診斷新技術。Affymetrix 公司，
把 P53 基因全長序列和已知突變的探針集合在晶
片上，製成 P53 基因晶片，將在癌症早期診斷中
發揮鑑識的作用。Heller 等構建了 96 個基因的 cDNA
微陣列，用於檢測分析類風濕性關節炎（Rheumatoid
Arthritis, RA）相關的基因，以探討 DNA 晶片在感
染性疾病診斷方面的應用。Drobyshev 等用 10-mer

寡核苷酸微晶片，檢測了β-地中海貧血症（β-thal-athemia）患者紅血球細胞中血紅素β-球蛋白基因中的三個突變位點；Nanogen公司正致力於開發一些用於傳染病檢測的DNA晶片。此外，DNA晶片將在許多臨床常見病的病原體的診斷方面得到廣泛應用。

④藥物篩選

基因晶片技術能夠進行超大型地篩選工作，在藥物基因之間架起一座橋梁，從基因層面來解釋藥物的作用機制，即可以利用基因晶片分析用藥前後生物體在不同組織、器官基因表現上的差異，進而確認與一病症有關的基因中何者是藥物效應基因，這些基因即可作為未來藥物篩選時之靶標基因。如果用mRNA構建cDNA表現基因庫，然後用得到的胜肽資料庫製作肽晶片，則可以從眾多的藥物成分中篩選出起作用的部分物質。如果用 cDNA 作為探針的基因晶片，則可進行反義寡核苷酸類藥物的篩選。或者，利用RNA與單鏈DNA能形成複雜的空間結構，並能與靶分子相結合的特點，可將核酸資料庫中的RNA或單鏈DNA固定在晶片上，然後與靶蛋白培育，形成蛋白質－RNA或蛋白質DNA複合物，可以篩選專一的藥物蛋白或核酸，因此基因晶片技術和RNA資料庫的結合在藥物篩選中將得到廣泛應用。在尋找 HIV（Human Immunodeficiency Virus，人類免疫不全病毒，愛滋病毒）藥物中，Jellis 用組合化學合成

DNA 晶片技術篩選 654536 種硫化磷酸八聚核苷酸，並從中確定了具有 XXG4XX 樣結構的抑制物，實驗顯示，這種篩選物對 HIV 感染細胞有明顯阻斷作用。基因晶片技術使得藥物篩選、靶基因鑑別和新藥測試的速度大大提高，成本大大降低。基因晶片藥物篩選技術工作目前剛剛起步，美國很多製藥公司已開始前期工作，即正在建立表現譜數據庫，為藥物篩選提供各種靶基因及分析手段。這一技術具有很大的潛在應用價值。

⑤加速中藥的發展

中藥由於其成分複雜，如何篩選出有效中藥，進而從有效中藥中篩選出有效成分，並快速進行中藥毒理學研究，是中藥藥理研究的重大問題。傳統的方法學對逐個單味藥進行分析，進而對其不同有效成分（單體）進行實驗，其過程複雜。耗時多，投入量大，但產品卻很少。相反，如果採取高通量基因晶片篩選方法，快速篩選出有效成分。並快速完成毒理學實驗，並利用電腦分析各種成分間相互作用關係，繪製出中藥複雜成分間相互作用的可能圖譜，從生物整體系統的角度出發，把分子層面的研究和中醫中藥的辯證思維方法結合，將有望大大加快中藥現代化進程，也為中藥產業化提供技術保障。

中醫「證」是中醫藥臨床治療的核心，但「證」的本質研究一直難以有重大進展。主要因為中醫理論涉及生命的整體，因而它牽涉到許多

基因和蛋白質，傳統的方法學無法全面弄清「證」的實質。中醫證候可能是基因組和蛋白組背景的整體反應。從中醫理論來看，證候的形成是由先天的體質因素和後天的環境因素共同作用的結果，因而對「證」的研究可能要繪製三張圖譜；基因組圖譜（genomic map）、單核苷多樣性（SNP）圖譜（SNP map）和蛋白組學圖譜（proteomic map）。透過比較基因組學技術發現，不同的人種及同一人種的不同個體之間基因組差異僅 0.1%、這種差異表現在 SNP 譜中。這可能是決定人類個體間差異及疾病易感性的最根本因素之一，這也可能是中醫「稟賦」學說的基因組背景。透過建立人類 SNP 資料庫，只要將一個人的基因與 SNP 資料庫進行比較，便能知曉這個人的特徵。而 SNP 的差異，最終體現於蛋白質的表現上，蛋白質是生命體功能的真正執行者，生命體功能狀態也是由蛋白質來決定的。不同人之間可能存在蛋白質表現的構象變化、表現量的變化或表現部位的差異，從而出現千變萬化的人。透過 SNP 資料庫和蛋白質資料庫的對比，有望剖析每個人的先天體質與後天的「證候」。

　　利用基因和蛋白質晶片技術，對不同個體的「證」狀態的基因組和蛋白組進行掃描、給出不同證的基因表現譜、SNP 譜和蛋白質譜，透過電腦分析來建立「證」相關譜，可望為從基因分子層面揭示全面「證」的本質提供可能的分析方法。

同時，「證」本質被揭示，它可能會引起醫學治療學理論的重大革新或變化、尤其是「個體化」治療理論會出現飛躍性的發展，也會使中醫辨證論治理論得到全面的檢驗和應用。同時「證」基因譜和蛋白質譜的揭示，會指導臨床的診斷和治療。也許未來人類每個人自出生後便擁有三張圖譜：基因組譜、SNP 譜和蛋白質譜，根據這些圖譜便可以預測其將來對某些疾病的易感性，而且一旦發病，也可根據當時的基因和蛋白質進行針對性的處方用藥。

⑥在環境科學領域中的應用

基因晶片技術在環境科學領域具有廣闊的應用前景。首先是環境污染物的檢測、監測與評估：環境污染物主要包括有機化學性污染物、無機污染物、微生物及毒素等。例如，可以用基因晶片檢測某些特定的代謝過程，鑑定環境中的不同微生物菌群，或是應用能與rRNA互補的專一性DNA探針建立微生物菌群分類的框架。透過這些技術，可以對環境質量進行評估。其次，可以利用生物晶片技術研究環境污染物對人體健康的影響：包括環境污染物致癌機制研究，環境污染物對人體敏感基因的作用研究等。此外，生物晶片技術還可以在環境污染物的分布與轉移研究，環境污染物治理效果評估，環境修復微生物的篩選與改造等領域發揮作用。

毒理晶片（tox chip）目前已成為環境毒理學

研究的焦點。tox chip 可幫助預防因環境暴露引起的疾病，還可用於新藥的臨床試驗甚至建議合適的治療劑量。

⑦在生物戰劑和化學戰劑偵檢中的應用

生物戰劑（biological weapon）與化學戰劑（chemical weapon）的偵檢是一項很複雜而又十分重要的工作，目前很難對所有的生物與化學戰劑進行快速而準確的檢測。然而，採用生物晶片技術卻可以較容易地完成這一艱巨任務。我們可以用基因晶片技術來檢測細菌及其毒素、真菌毒素、病毒、支原體、衣原體、立克次氏體等生物戰劑；利用免疫晶片或酶晶片檢測各種蛋白毒素類生物戰劑和偵檢化學戰劑。據悉，目前不少軍工部門在積極研製用於生物戰劑與化學戰劑偵檢的生物晶片。

3.1.2.5　問題與展望

近年來，DNA晶片技術進展迅速，取得了長足的進步。但目前仍面臨一些問題有待解決。這些問題主要是在硬體和軟體兩方面。在硬體方面，DNA晶片技術需要昂貴的尖端儀器，如生產原位合成晶片需要光刻機器（lithography machine）和寡核苷酸合成儀（oligonucleotide synthesizer）；而構建DNA微陣列的自動儀器約需 8 萬美元以上。而檢測晶片則要雷射共聚焦顯微鏡、落射螢光顯微鏡等設備。如 Affymetrix 的一套系統（包括流體站 fludic station、掃描儀、軟體）需要 13.5 萬美元。在軟體

（即技術）上也存在一些問題。首先，探針製造的環節上，原位合成寡核苷酸技術複雜，且有專利保護，合成過程中可能摻入錯誤核苷酸及混入雜質，降低了專一性和信噪比；顯微打印技術較靈活易操作，但需收集或合成大量探針，且陣列的集成度不高。其次，在樣品和晶片雜合的環節上，因為雜合在固相上進行，空間因素會對雜合造成不利影響；還有，在一個晶片上存在多種探針，這對雜合條件是個挑戰，因為這種探針的最適條件未必適合另一種探針；複雜的探針如長寡核苷酸容易自身形成二、三級結構，影響與靶序列的雜合或給出錯誤的陰性信號。當然在其他技術環節上也存在著一些難題如樣品準備複雜、檢測的靈敏度低等等。

　　儘管面臨一些困難，但DNA晶片技術的發展和應用前景非常廣闊。幾年內，晶片上探針位點的空間解析度將達到 $1\mu m$ 水準，人體所有約 $4\sim6$ 萬個基因有望集成在一塊 $1cm^2$ 的晶片上。DNA 晶片不僅可用於基因診斷和基因組研究等方面，還可用於藥物研究，人口健康普查、優生保健、法醫學等領域，而且在農業、工業以及食品、環境監測方面具有極大的潛力。總之，DNA晶片技術將對人類生活產生極其廣泛、深遠的影響，將帶來一次生命科學研究領域的革命。

3.1.3 蛋白質晶片

　　蛋白質晶片又稱蛋白質微陣列，從研究對象和研究方法上大體又可分為受體配體檢測晶片、免疫晶片以及

多種感染因素篩選和腫瘤等疾病診斷的晶片。它是繼基
因晶片之後又一對人類健康具有重大應用價值的生物晶
片。蛋白質晶片技術是指把製造好的蛋白質樣品固定於
經化學修飾的玻片、矽片等載體上，蛋白質與載體表面
結合，同時仍保留蛋白質的物化性質和生物活性。透過
蛋白質晶片技術可以高效地超大型獲取生物體中蛋白質
信息，是蛋白質組（proteome）研究的重要手段。儘管
蛋白質晶片研究起步較晚，但它將對醫學以及生物學的
發展有很大的推動作用，所以目前國外很多學者，特別
是一些國家的政府和研究機構投以大量人力、物力進行
蛋白質晶片的開發和應用研究。

3.1.3.1　蛋白質晶片的類型與製造

　　由於蛋白質分子本身的特殊性質決定蛋白質晶片與
DNA晶片有許多不同。例如，蛋白質無法利用擴增方法
提高拷貝數以達到檢測靈敏度的要求；蛋白質間的專一
性作用是抗原抗體反應或受體配體的反應，不僅僅決定
於序列的特異性，還取決於其結構的專一性；其次蛋白
質比DNA合成的難度大，並且把它們固定在載體上容易
引起空間結構的改變而導致蛋白質變性。所以在製造蛋
白質晶片時，人們只能採用直接點樣法。即將蛋白質或
酶等樣品，透過自動點樣裝置分布於經過處理的玻片或
其他材料上。

　　蛋白質晶片可以分為無活性的晶片和有活性的晶片
兩種形式。無活性的晶片是將已經合成好的蛋白質點在
晶片上，有活性的晶片則是在晶片上點上生物體（如細

菌），在晶片上原位表現蛋白質。活性晶片可以提供模擬的有機體環境，對於蛋白質功能分析更為有利。

無活性的蛋白質晶片製作方式主要分 3 類：

⑴原位合成

H.M. Geysen 等人採用螢光甲氧碳基胺基酸保護策略，由 C 端向 N 端，共合成了 208 個六肽排列在直徑為 4mm 的聚乙烯膜上，以研究一個由 213 個胺基酸組成的蛋白質的結構活性域。

⑵點合成

A. Kramer 等人利用該法在纖維素膜上合成多肽資料庫，纖維素膜上有豐富的羥基，對於多肽的合成十分有利。

⑶光蝕刻術

基因晶片的創始人 S.P.A. Fodor 等人採用光蝕刻術固相合成的多肽晶片密度為每平方厘米 25 萬點，多肽的平均長度為 5 肽，並透過了抗體檢測。

活性的蛋白質晶片：P. Uetz 等人利用酵母細胞構建了第一個基因組規模的活性蛋白質晶片。晶片主要用來篩選蛋白質與蛋白質之間的相互作用，包含了約 6 千個酵母選殖株。每個選殖株所表現的蛋白質，其編碼開放閱讀框架（opening read frame, ORF）與 Gal-4 活化域相連，這樣就可以在晶片上進行酵母雙雜合反應（yeast two-hybrid reaction），還可以進行 DNA－蛋白質，RNA－蛋白質間的交互反應。作者檢測了 192 種蛋白質，得到了 281 種蛋白質－蛋白質間交互作用關係。

活性蛋白質晶片透過一次實驗就能拿到上千種未知

功能蛋白質的功能線索，例如透過將細胞裂解液蛋白成分做成晶片，科學家很快就可以查明某一開放閱讀框架（ORF）是否表現一種分泌蛋白抑或是一種胞內酶。此外，還可以在晶片上進行活細胞的遺傳性狀篩選。

目前，蛋白質晶片的種類很多，這裡簡要介紹蛋白質微陣列、微孔板蛋白質晶片、立體凝膠塊晶片以及晶片實驗室。

(1)蛋白質微陣列

哈佛大學的MacBeath和Schreiber等報導了透過點樣機械裝置製作蛋白質晶片的研究，將針尖浸入裝有純化的蛋白質溶液的微孔中，然後移至載玻片上，在載玻片表面點上1nL左右體積的溶液，然後機械手將針尖洗滌、乾燥，重複上述操作，點不同的蛋白質。利用此裝置，在半個載玻片大小的玻璃基片表面固定了10000種蛋白質，並用其研究蛋白質與蛋白質間、蛋白質與小分子間的專一性相互作用。這一技術的關鍵在於保證被點在玻片上的蛋白質分子不失活而又能牢固地固定在基片表面。為了做到這一點，MacBeach和Schreiber首先用一層小牛血清白蛋白（BSA）修飾玻片，這樣玻片表面就形成了一個親水的環境，可以防止固定在表面上的蛋白質變性。由於賴胺酸廣泛存在於蛋白質的肽鏈中，BSA中的賴胺酸透過活性劑與點樣的蛋白質樣品所含的賴胺酸發生反應，使其結合在基片表面，並且一些蛋白質分子的化學活性區域露出。這樣，利用點樣裝置將蛋白質固定在BSA表面上，製作成蛋白

質微陣列。

(2)微孔板蛋白質晶片

數十年來微滴定板廣泛應用於免疫學測定，但由於陣列密度較低，檢測時需要耗費大量的試劑。人們在此基礎上發展了多種蛋白質晶片模型。例如，德國 GeSim GmbH 和美國普林斯頓 Orchid 生物計算公司研製了毫微多孔式晶片（100～1000nL/孔）。Mendoza 等人研製的晶片仍然採用了 96 孔板，但在每個孔的底部製造成微陣列，大大增加了蛋白點的密度。他們應用 96 孔聚四氟乙烯板作為蛋白晶片的基板。用機械手在每一個孔的平底上點成同樣的四組蛋白質。每組 36 個點（4×36 陣列），含有 8 種不同抗原，每個 96 孔板上共有 13824 個點。由於該板與普通酶標板一樣，可直接放入與之配套的全自動免疫分析儀中使用，透過CCD掃描監測，適用於蛋白質的超大型、多種類篩選。

(3)立體凝膠塊晶片

立體凝膠塊晶片是美國阿貢國家實驗室和俄羅斯科學院思格爾哈得分子生物學研究所開發的一種晶片技術。立體凝膠塊晶片實質上是在基片上點布以 10000 個微小聚丙烯醯胺凝膠塊，每個凝膠塊可用於靶 DNA、RNA 和蛋白質的分析。Mirzabekov 等報導了把蛋白質如抗原、抗體和酶固定在 $100\mu m \times 100$ $\mu m \times 20\mu m$ 凝膠塊，修飾後的凝膠塊可以容納分子量為 400kD❶的蛋白質。晶片反應池中微電泳可以加速

---

❶ kD 為千道爾頓，1 道爾頓（Dalton）$=1.657 \times 10^{-27}$kg。

凝膠塊中抗原抗體的專一性結合，這種晶片可用於篩選抗原抗體、酶動力學反應的研究。該系統的優點：

①凝膠條的立體化能加進更多的已知樣品，提高了檢測的靈敏度。

②蛋白質能夠以其天然狀態分析，可以進行免疫測定、受體－配體研究和蛋白質組分析。

(4)晶片實驗室（lab-on-chip）

與DNA分析用的微流體晶片類似，透過在玻片或矽片上製作各種微泵、微閥、微電泳以及微流路，可將生化實驗室的分析功能濃縮固化在蛋白質晶片上。Chiem 等開發了由玻片為基底製作的微流體電泳晶片。玻片大小 7.6cm×7.6cm，採用光刻技術對所設計的流路進行刻蝕，在微通道裡加入待測樣品和檢測試劑。電滲流泵首先用於樣品的輸送以及與反應試劑的混合。反應後的溶液進入晶片上的電泳分離通道。為了滿足高通量分析的需要，可以在晶片上並行製作許多電泳通道結構。儘管微流體式晶片仍處在研製階段，但其潛在優勢十分明顯：

①由於微流體晶片中蛋白質吸附表面增大，分析敏感度高。

②微通道可提高電泳分離的速度，減少檢測所需時間。

③微流體晶片成本低，可重複多次使用。

3.1.3.2　樣品的製造、標記及其檢測

生物樣品往往是複雜的混合物，只有少數靶分子能

與晶片上固定的探針分子直接反應。製造應用於蛋白晶片的樣品通常要經過分離和標記，檢測方法決定於樣品的標記。古典的生化分離方法有鹽析、電泳、凝膠色層分析等，對於分離細胞蛋白質等含量甚微的靶分子，使用上述方法往往操作繁瑣、耗時長、回收率低，這就促使晶片研製者在晶片上製作微型樣品處理系統，例如，介電電泳（Dielectrophoresis）。

分離後的樣品透過同位素標記、酶標記或螢光標記後即可與蛋白晶片反應，檢測得到結果。儘管同位素標記靈敏度高，但空間解析度低，反應物需特殊處理防止污染，因而較少用於晶片檢測。酶標記方法中應用的是生色受質如辣根過氧化物酶（horseradish peroxidase）、鹼性磷酸酶（alkaline phosphatase）等，其檢測系統為普通的CCD，成本低，適用於臨床檢測。螢光標記廣泛應用於DNA晶片檢測，特別是雙色檢光的應用大大方便了表現差異檢測的分析。常用於DNA晶片的螢光素如Cy3、Cy5 也可用於標記蛋白質樣品、分析蛋白質表現差異，檢測系統可用商品化的晶片專用檢測系統，如 General Scanning 公司的 ScanArray 5000 等。

標記的基本要求是標記效率要高，這對提高分析的靈敏度很重要；標記不應引起抗原抗體結合活性受損；標記不應顯著改變抗體或抗原分子整體的性質，這對於競爭性分析來說，更為重要。

此外，抗體必須有較高的親和力和專一性。實驗中應使用純化的抗體，因為純化的抗體可以使較多量的能產生專一結合反應的IgG結合於固相載體上，以提高分

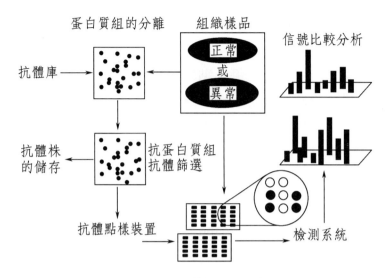

圖 3-1　用於蛋白質組分析的抗體晶片

析的靈敏度和測量範圍；降低非專一性結合。與抗血清相比，單株抗體有較多的優點，如抗體的無限來源，均一性和專一性等，但有時親和力較低（見圖 3-1）。

3.1.3.3　應用

常規的蛋白質晶片製作與檢測的流程如下：

(1)利用噬菌體展示技術製造抗體資料庫。

(2)利用機器人將抗體資料庫以陣列形式固定在晶片載體上。

(3)分別從正常對照和突變組織中製造蛋白質組。

(4)對蛋白質組進行適當的標記。

(5)蛋白質組與晶片進行抗原-抗體反應，再經洗脫，只有那些與晶片上的抗體發生反應的蛋白質能黏在晶片表面。

(6)進行酶聯免疫吸附檢測（enzyme-linked immunosorbent assay, ELISA）。

(7)閱讀結果，分析每一點的反應強度。

(1)蛋白質晶片做表現物的篩選

蛋白質晶片可進行高靈敏的表現和抗體專一性篩選。A. Lueking 等人首先將人胚腦 cDNA 表現基因庫選殖至載體上，再用 IPTG（Isopropyl-β-D-thiogalactopyranoside）誘導表現包含 His$_6$ 表位（epitope）的融合蛋白質。該步驟在 96 孔的微量滴定板上進行。接著將 96 孔的微量滴定板中的呈溶解狀態的蛋白質點在 PVDF 膜（polyvinylidene fluoride membrane, PVDF membrane）上。他們利用的是一種自動化轉運印章技術，可以進行立體定位，在 1 平方厘米上最多能點上 300 個樣品。一個轉運印章包含了 16 個點樣頭，其中 4 個點的是對照，另外 12 個點的是 6 種樣品，一式兩份。整個系統的質量控制系統可以說是非常嚴格。蛋白質點在 PVDF 膜上之後，蛋白質晶片就製成了。最後，作者在晶片上進行了普通的酶聯免疫吸附檢測，用一種能與含 His$_6$ 表位反應的單抗檢測 PVDF 膜上排列的重組融合蛋白質。陽性反應的點與陰性反應的點呈現不同的顏色，反應得到的圖像經過 CCD（charge-coupled device）系統掃描分析，並由 AIDA 軟體包處理。他們發現這種蛋白質晶片確實能夠用於蛋白質表現和抗體篩選，並提供了一種大量的配體－受體反應研究手段。作者選用 PVDF 膜是因為它具有極高的蛋白質結合力和機械

強度。轉運印章設計的點樣密度上限是在一張
（222×222）mm²大小的膜上排 10 萬個點。蛋白質晶
片的檢測濃度下限是 10 fmol/μL。作者認為，在利用
DNA晶片進行基因表現譜分析的同時，可以同時利
用蛋白質晶片進行蛋白質表現譜的分析，並進而分
析多種蛋白質之間的相互作用。和常規的原位膜篩
選方法相比，在該晶片上進行大量蛋白質表現檢測的
假陽性選殖株的比率下降，不正確閱讀框架導致錯譯
蛋白的比率也從 37%降低為 11%，在相同的晶片上所
挑選的選殖產物－GAPDH（glyceraldehyde-3-phosphate
dehydrogenase，3-磷酸甘油醛去氫酶）的專一性亦應
用單株抗體得到很好證實，這說明蛋白質晶片技術
能可靠地進行蛋白質表現物的檢測。

　　K. Bussow等人用類似的技術完成了大量的蛋白
質表現篩選。先是將 cDNA 基因庫選殖到原核表現
載體，並用機器手將其排列在微量滴定板上，再轉
移到PVDF膜上。接著用抗體與膜上的蛋白質反應，
篩選反應陽性的選殖株，是為第一輪篩選。第二輪
篩選：小規模的蛋白質表現（指上輪的陽性選殖株）
在微量滴定板上進行，再用 SDS-PAGE（sodium dod-
ecylsulfate polyacrylamide gel electrophoresis）、親和層
析（affinity chromatography）、質譜儀（mass spectro-
meter）分析表現產物的大小、產量、純度、溶解
度。對選殖株的表現量同時進行分析，以期發現最
適於大量結構分析與功能篩選的選殖株。發現 66%
的選殖株包含插入片段，並且插入方向正確，其中

又有 64%的選殖株包含了完整的插入片段，能夠編碼一個完整的蛋白質。第三輪篩選：在微量滴定板上對蛋白質功能進行分析，測定了 96 個選殖株的細菌裂解產物表現 GAPDH 的活性。透過三輪篩選，作者建立了一個人類蛋白質表現選殖株目錄，提供了今後的結構與功能分析的基礎。

(2)識別酶的受質和抑制劑

蛋白質晶片還能夠揭示酶及其受質（與酶作用的小分子）之間的相互作用。MacBeath 和 Schreiber 選用了三對激酶與其受質：依賴一磷酸腺苷的蛋白激酶 A（protein kinase A, PKA）和 Kemptidel；酪蛋白激酶 II（Casein Kinase II, CKII）和蛋白磷酸酶抑制因子-2（protein tyrosine phosphatase inhibitor-2, I-2）；p42 促有絲分裂劑激活蛋白（MAP）激酶（ErK2）和 E1K1，然後用機械手將三種受質點在用 BSA-NHS（bovine serum albumin-N-hydroxysuccinimide）修飾的玻片上，直徑 150～200μm，在 $\gamma-^{33}$P 標記的三磷酸腺苷（ATP）存在下，各種激酶被活化，與固定在玻片上的受質相互作用，採用類似於同位素原位雜合技術，在感光乳劑的作用下，在相應的受質位置能夠檢測到反應後的晶片上的放射性標記位點，反映出激酶與專一性受質的作用過程，這說明晶片技術可用於識別酶的受質。

Z. Gan 等人利用生物素醯基化酶抑制吸附檢測（biotinlated enzyme inhibitorsorbent assay, BEISA）技術來尋找特定酶的抑制劑，而這些抑制劑往往可以成

為藥物。他們先將多種抑制劑固定在膜上，再用生物素標記的酶和未標記的抑制劑與膜共同培育，洗去未結合上的酶、抑制劑，接著加入鏈黴菌抗生物素蛋白鹼性磷酸酶（streptavidin alkaline phosphatase），與膜作用，最後加入鹼性磷酸酶的作用受質，產生顏色反應。洗脫之後，觀察各個位點的顏色，就可以知道哪些抑制劑能夠與酶結合，結合的強度如何。

⑶**樣品的分離和分析**

　　Chiem 等設計了以玻片為基底的微流體晶片，在此晶片上能完成血清樣品與檢測試劑的混合、反應、分離和分析等一系列工作。以測定血清中的茶鹼為例，在儲液池裡分別裝入稀釋的血清樣品、螢光標記的茶鹼和抗茶鹼溶液，經電滲流進樣及電泳分離，在進樣區帶中反應試劑和產物沿著分離通道被分離，分離時間約為 1min，在分析下一個樣品前，用注射器沖洗反應物及樣品通道，此晶片對血清中茶鹼的檢測極限為 0.26mg/L。此外，Rowe 等人將此晶片用於臨床診斷，得到了較好的結果。

⑷**研究蛋白質和小分子的相互作用**

　　蛋白質晶片可用於研究蛋白質和小分子相互作用，解決藥物篩選中的瓶頸問題。蛋白晶片可以高量大規模的同步進行新藥篩選，直接在蛋白質層面上尋找藥物靶標，解釋藥物的作用機制，檢查藥物的毒性或副作用。它不僅能大大縮短藥物篩選的時間，而且為藥物的進一步開發和設計提供理論基礎。MacBeath 和 Schreiber 以三對蛋白質與小分子（地高

辛與鼠抗地高辛單株抗體，生物素與鏈黴菌抗生物素蛋白，AP1497 與 FKBP12）為例研究了蛋白質和小分子的相互作用和檢測的靈敏度。他們將固定了三種蛋白的晶片放在用不同螢光染料標記的三種小分子混合溶液中，獲得了蛋白質和小分子專一性作用的三色螢光圖像。研究顯示，這一方法即使對低親和係數的小分子也具有較高的靈敏度。

3.1.3.4 蛋白質晶片的優勢

生物晶片按固定的生物分子及材料不同可分為基因晶片、蛋白質晶片、細胞晶片及組織晶片。目前預防、治療以及藥物的作用靶分子大都是蛋白質。基因晶片透過檢測 mRNA 的豐度或者 DNA 的拷貝數來確定基因的表現模式和表現量，然而 mRNA 的表現量（包括 mRNA 的種類和含量）並不能反應蛋白質的表現量，許多功能蛋白質還有轉譯後修飾和加工，如磷酸化、羧基化、乙醯化、蛋白質水解等修飾，直接進行蛋白質分析是蛋白質組研究領域的重要內容。目前蛋白質組學研究的主要技術是質譜儀（MS）分析和雙向凝膠電泳（2D-gelelectrophoresis, 2DGE），MS 是一種十分有用的檢測工具，但目前尚不能用於定量分析；2DGE 技術由於樣本需求量大、操作複雜也不能滿足醫學診斷的需求。因而，蛋白質晶片剛剛興起就成為研究焦點。蛋白質晶片技術的優點主要體現在以下幾方面：

(1)能夠快速並且定量分析大量蛋白質。

(2)蛋白質晶片使用相對簡單，結果正確率較高，只需

對少量血樣標本進行沉降分離和標記後，即可加於
晶片上進行分析和檢測。

(3)相對傳統的酶標 ELISA 分析，蛋白質晶片採用光敏
染料標記，靈敏度高，準確性好。此外，蛋白晶片
的所需試劑少，可直接應用血清樣本，便於診斷，
實用性強。

3.1.3.5　存在問題和發展前景

蛋白質晶片將為生物化學和分子生物學提供強有力
的工具。相對於DNA晶片研究的進展速度，蛋白質晶片
研究進展顯得相對滯怠，主要有以下等問題亟待解決：

(1)尋找材料表面的修飾方法。

(2)簡化樣品製備和標記操作。

(3)增加信號檢測的靈敏度，如低拷貝蛋白質的檢測和
難溶蛋白的檢測。

(4)高度集成化樣品製備及檢測儀器的研製和開發。

這些問題不僅增加了蛋白質晶片技術的難度，同時
也是蛋白質晶片能否從實驗室推向臨床應用的關鍵所
在。隨著研究的不斷深入和技術的改進，如表面化學修
飾技術的進步，已經可以做到在載體上固定多種活性蛋
白質；蛋白質工程已可獲得大量重組高專一性蛋白以用
於晶片製造；奈米標記的引入可提高晶片檢測的靈敏
度，近期也有望開發出簡便可靠的檢測系統。蛋白質晶
片一定會在生命科學研究及應用領域中占有一席之地。

目前美國、澳大利亞、德國、俄羅斯、日本等近10
個國家開展了蛋白質晶片的研製工作，同時開始與應用

有關的研究，如基因表現物的篩選，蛋白質晶片在臨床診斷上的應用，透過蛋白質晶片分析嘗試藥物篩選，並從中獲取其藥效和副作用的信息，利用蛋白質晶片監控環境和檢測食品。雖然蛋白質晶片研究還處在初期階段，但我們相信隨著不斷地深入發展，蛋白質晶片將對疾病診斷、疾病產生機制和新藥開發提供一個重要的研究平台。

3.2 奈米通道技術

奈米通道（nanopore）是 1999 年由美國加州大學的 Deamer 和哈佛大學的 Branton 所領導的研究小組共同提出的，是指由七聚體的α溶血素（α-hemolysin, α-HL）在雙層脂膜上形成的直徑在 1.5～2.6nm 左右的跨膜通道。它能允許離子、水和其他低分子質量物質通過，從本質上說是一種離子通道。

3.2.1 α溶血素的結構和特性

αHL 為金黃色葡萄球菌分泌的一種毒素，由於其具有致病作用，因此其結構功能得以廣泛研究。αHL 水溶性單體能結合於人體紅血球細胞、血小板、單核細胞等細胞的膜上，膜結合單體透過組裝可形成七聚體的跨膜通道。低濃度的αHL（nmol/L～µmol/L）即可造成細胞裂

解死亡，從機制上可以解釋為，形成的跨膜通道導致細胞膜對離子、水和其他低分子量物質的通透性增加。

αHL 通道形狀類似蘑菇，軸向長度為 10nm，直徑變化範圍在 1.4～4.6nm 之間，通道口為 2.6nm，它通向較大的內腔，通道跨膜區內徑為 2.2nm，內腔和跨膜區之間為直徑 1.5nm 的限制孔，它是由 14 個賴胺酸和谷胺酸側鏈交替形成的環，跨膜區由 14 條鏈形成的反向β折疊桶組成，內部親水，外部疏水。雙鏈 DNA 分子只能進入通道口，而直徑為 1.5nm 的限制孔僅容許單鏈 DNA 通過。

αHL 可在細胞膜和人工合成的脂膜上組裝成跨膜通道，通道內由水溶液填充，在中性 pH 和高離子強度下保持開放。在 100mV 電壓下能通過 100pA 的穩定電流，遠遠大於相同條件下只有幾個 pA 的其他生物通道。αHL 通道電導與溶液電導率呈近線性的相關關係。

3.2.2　奈米通道技術研究進展

Kasianowicz 等最早對多聚核苷酸分子透過αHL 通道的生物物理特性進行了研究，發現電場可以驅動單鏈 DNA 和 RNA 分子通過脂雙層膜上直徑為 2.6nm 離子通道，穿膜時形成的延伸單鏈可部分阻斷通道，造成離子電流的短暫下降，而且其持續時間與多聚分子長度呈正比。據此提出αHL 通道可用於對單鏈 DNA 和 RNA 分子直接高速定序。

受該技術良好應用前景的鼓舞，科學家們對單個核苷酸分子通過αHL 通道的電信號特徵進行了系統的研

究，確定了影響核酸分子通過 αHL 通道的若干因素。

⑴電壓

電流阻斷持續時間與通道兩側所加電壓大小呈反比。

⑵核酸分子長度

電流阻斷持續時間與多核苷酸長度呈正比，較長的多聚體以恆定速度轉移，但隨著長度的縮短，較短多聚體的轉移速度增加，此速度與所加電場呈非線性關係。

⑶溫度

單鏈 DNA 或 RNA 分子通過 αHL 通道時間與溫度大致呈負 2 次方的關係，這個溫度依賴特性與一些分子形成二級結構的趨勢密切相關。

奈米通道技術用於 DNA 或 RNA 分子直接定序的基礎是對其組成的 4 種核苷酸進行精確區分。研究證明奈米通道檢測器可用於快速區分 MA 分子中的嘧啶和嘌呤部分，並且在微秒的程度上已經可以對polydT、polydC、poly C、poly U 和 poly A 這幾種核苷酸聚合物加以區分。除此之外，奈米通道能快速區分長度和組成相似僅有序列不同的低拷貝非標記DNA分子；將奈米通道和支持矢量機器（support vector machine）相結合可在毫秒時間層面上分析 DNA 髮夾（hairpin）分子的特性，包括髮夾中雙鏈長度、錯配鹼基對和 loop 環長度，能區分 DNA 髮夾分子在一個核苷酸和鹼基對的不同；透過單鏈DNA寡核苷酸與αHL奈米通道的內腔共價聯接，製作的DNA奈米通道感測器可用於單鏈DNA序列的專一性分析，用此

方法檢測到 HIV 逆轉錄酶（reverse transcriptase）中控制藥物抗性的一個突變，目前的檢測靈敏度為 30 個核苷酸中一個鹼基差異。

3.2.3 奈米通道技術的應用前景

3.2.3.1　核酸分子超高速定序

帶有奈米通道的膜將兩個溶液隔開，當在膜兩邊加上電壓時，帶電生物分子可通過奈米通道進行遷移。由於中性條件下核酸分子帶負電荷，而且 αHL 通道直徑又略大於單鏈 DNA 或 RNA 的直徑，因此單鏈核酸分子在電場驅動下可通過脂雙層膜上直徑為 1.5nm 的 αHL 通道，從帶負電一側每次一個核苷酸分子移到帶正電一側，每個核苷酸通過時可造成電流的短暫、不完全阻斷。由於每個核苷酸分子通過時的電信號特徵（電流下降幅度和阻斷時間）不同，因此透過對核酸分子通過 αHL 奈米通道時產生的電信號進行分析，對核酸序列做出正確的判斷（圖 3-2）。

奈米通道測序技術代表了直接讀取核酸分子編碼信息的一種新方法，它將核酸分子上的核苷酸直接轉化為電信號，可以直接對單個染色體長度的DNA分子進行序列分析。它能以每秒超過 1000 鹼基的速度進行核酸序列分析，單個科學家使用該系統的測序速度可達到現在所有研究人員測序速度的總和，這較現有方法更快速、簡便和省錢，雖然實驗室內已能應用該方法進行測序，但

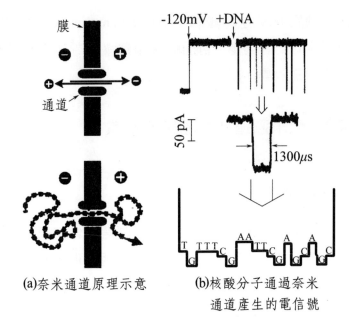

(a)奈米通道原理示意　　　(b)核酸分子通過奈米
　　　　　　　　　　　　　　通道產生的電信號

圖3-2　αHL 通道進行核酸分子測序示意圖

是要做成實用儀器尚需完成下列4項工作：

　⑴建立能重複製造堅固膜和奈米通道的方法。

　⑵發展一次能區分一個核苷酸的檢測器。

　⑶證明極長的多核苷酸也能通過奈米通道。

　⑷發展出能使每個核苷酸停留在通道中的時間達到準
　　確測量的一種方法。

　　如今第⑴個工作已經完成，應用離子束雕刻技術在
絕緣的Si_3N_4固體薄膜上製造了奈米通道，而且該通道具
有αHL 奈米通道相似的功能。

3.2.3.2　SNPs 檢測

　　單核苷酸多樣性（SNPs）是DNA序列中常見的序列

變化，是造成個體之間遺傳差異的原因之一。許多SNPs
具有重要的臨床意義，例如腫瘤、哮喘、肥胖、糖尿病
等疾病都與SNPs密切相關，因此能用於病人DNA序列
中SNPs檢測的簡便方法具有極其重要的應用價值。奈米
通道技術較現有核酸序列分析方法具有更高速、更簡便
的優勢，因此使得它在臨床檢測 SNPs 方面也具有重要
的用途。

3.2.3.3　多成分的快速檢測

將待分析成分的結合配基與能通過αHL通道的多聚
體分子（通常為單鏈 DNA）共價結合，這樣由通道、
DNA和待分析成分共同組成奈米通道感測器分析系統，
它可將待分析成分的濃度轉換為通道電導的變化。在無
待分析成分存在時，DNA通過通道造成電流的短時間下
降，檢測樣品時由於待分析成分與DNA多聚體結合，進
而阻止結合分析成分的DNA分子進入通道或進入通道但
不能通過（見圖3-3）。阻止結合分析成分的 DNA 分子
進入通道將造成單位時間內電流阻斷次數減少；進入通
道將造成較長時間的電流阻斷，持續時間為待分析成分
與 DNA 複合物平均壽命。

根據上述原理，可以合成多種多聚體分子（又叫分
子靶信號，molecular bar codes），用這些信號分子對抗
原、抗體或其他生物活性分子標記，然後與待檢樣品結
合，用奈米通道感測器進行檢測、由於每種多聚體或
DNA分子有其獨特的電信號特徵，使得同時對多個分析
成分進行測量成為可能。目前，應用單個離子通道已能

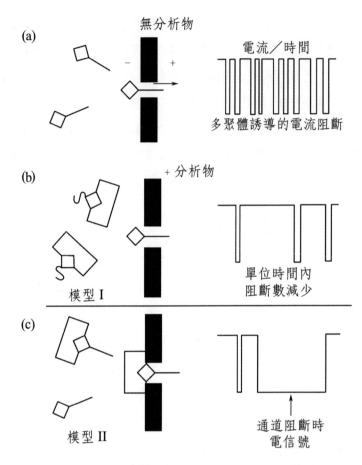

圖 3-3 奈米通道感測器的分析原理示意圖

同時對親和素（Avidin）和溴脫氧尿嘧啶核苷（Bromod-
eoxyuridine）抗體進行檢測。該檢測系統的優越性在於
檢測的快速、簡便，而且僅需微量樣品，在血樣分析、
病原體檢測、飲用水及化學、生物戰劑中毒素測定中具
有重要應用價值，該技術能快速瞬時地對多種成分進行
定量分析，代表了感測器技術發展的終極目標。

3.2.3.4　其他用途

由於奈米通道技術的超高速定序功能，決定了它在病人遺傳背景分析、病原體基因診斷和基因組分析等破譯遺傳信息方面具有其他研究方法所無的優越性。它能提供更多的病人信息，使醫生能針對病人採取個性化的藥物和治療方案。除此之外，透過靶信號多聚體分子與各種生物活性分子結合用於樣品檢測，在醫學、工業、科研、軍事等領域也有極其廣泛的用途。

3.2.3.5　展望

奈米通道技術涉及的學科包括分子生物學、生物化學、電子學、材料科學和資訊學等多種學科，但由於其潛在用途非常廣泛，該研究曾得到美國國家自然科學基金、NIH、宇航局、科學院等多家單位的資助。中國在該方面研究尚屬空白，因此更應該集中各學科的力量奮起直追，與國外在此領域的差距才不致更大。

3.3　生物分子計算技術和生物電腦

世界上第一台實用電腦「埃尼克」（電子數學積分電腦）於 1946 年誕生。雖然這是人類科技史上值得大書特書的事情，但「埃尼克」卻是個道道地地的龐然大

物，它占地 170m^2，重達 30t，運算速度只有每秒 5000 次。

隨著微電子技術的高速發展，作為電腦核心元件的積體電路的製造技術已經接近極限。眾所周知，現在電腦的核心部件是矽積體電路，提高電腦的信號處理速度和存儲容量及縮小電腦的體積，其關鍵就是實現更高的集成度。目前矽晶片的製造技術已達到了 0.5 微米級。摩爾定律是否一直有效，科學家們對此提出了異議。他們認識到，單位面積上容納的元件數是有極限的，估計在 1mm^2 的矽片上最多不能超過 25 萬個。散熱、防漏電等因素將制約著積體電路集成度的無限提高，現在半導體矽晶片將達到理論上的物理極限。

20 世紀 80 年代中期，隨著現代生物技術的發展，科學家們把完成晶片更高集成度的希望轉向了分子生物學方面。

在過去的半個多世紀中，分子生物學的興起和發展，將生命現象分解成大量基因和蛋白質的組成。英國《自然》期刊報導，英國劍橋大學研究發現了「生物電路」（biocircuit），一些蛋白質的主要功能不是構成生物的某些結構，而是用於傳輸和處理信息。他們對一種細菌中的蛋白質進行研究發現，細菌內部存在著由蛋白質構成的信息處理網絡，該網絡可根據分子密度和形狀等變化傳遞和處理信息，並根據接收到的信息來驅使細菌游向營養物質所在的地方。美國史丹福大學的科學家在細菌中也發現了「生物電路」、並在生物利用能量糖解（glycolysis）過程中發現了邏輯運算現象，找到了有關的蛋白「邏輯門」（logic gate）。

近 10 年來，DNA 科學的發展非常迅速，對生命科學、醫學等各個方面帶來了巨大影響。1994 年，對DNA電腦的研究引起了人們的極大注意。美國南加州大學的 Leonard M. Adleman 在 Science 上發表文章，開創了 DNA 電腦的新紀元。Wisconsin at Madison 大學、Princeton 大學、Stanford 大學、加州理工學院（CIT）等紛紛開展了工作，並得到了美國國家科學基金會和五角大樓國防高級研究項目局的支持。

1995 年，來自世界各國的 200 餘名科技界人士共同探討了DNA（去氧核醣核酸）電腦的可行性，認為DNA分子在酶的作用下可以從某種基因代碼透過生物化學的反應轉變為另一種基因代碼，轉變前的基因代碼可以作為輸入數據，反應後的基因代碼則可作為運算結果。利用這一過程可以製成新型的生物電腦（biological computer）。認為一旦 DNA 電腦（DNA computer）研製成功，其運算量是目前傳統電腦所望塵莫及的，它幾十小時的運算量就相當於目前全球所有電腦問世以來運算總量之和。這無疑是一個極具開發價值的研究領域。

現在科學家們已經研製出了生物電腦的核心部件——生物晶片（biochip）。由於用在生物電腦中的生物晶片是蛋白質和其他有機物質的分子組成，所以生物電腦又稱有機電腦（organic computer）。

在整個生物界大約存在著 100 億種不同的蛋白質，但能滿足生物晶片製作要求的蛋白質材料則不多。因此，生物學家除了直接利用自然界提供的不同類型蛋白質來製造生物晶片之外，還要研究適合於生物電腦裝配

所需的人工合成蛋白質。20世紀80年代以來，分子生物學家和有機化學家已經共同研究合成了幾種人造蛋白質。這些人造蛋白質在導電性能方面有導體和半導體的作用，因此分別被稱作生物導體和生物半導體。據有關報導，美國已經合成了生物半導體材料(OH)x 和生物導體材料(SN)x。這為人工製造用於生物電腦的實用化生物晶片創造了有利的條件。

3.3.1 生物電腦的特點

生物電腦的特點集中在生物晶片上，因此它具有如下主要特點：

(1)**強大的記憶功能**

由於生物晶片的一個存儲點只有一個分子的大小，所以生物晶片具有超高密度，記憶功能十分強大。有資料稱，生物電腦的記憶功能將是傳統電腦的上億倍。

(2)**運算速度快**

由於生物晶片以波的形式傳播信息，具有快速處理信息的能力，所以生物電腦的運算速度相當快。有報導說，它將是現行傳統電腦運算速度的 10 萬倍，這為電腦的智能化提供了可行性。

(3)**能耗低**

因為一個蛋白質分子就可作為一個存儲體，蛋白質分子比矽晶片上的電子元件小得多，而且阻抗很低，電路間無信號干擾，故能耗很小，能較好地

解決散熱問題。有資料顯示，生物電腦的能耗僅相
當於普通電腦的十分之一。這就可擺脫傳統半導體
晶片散熱難的困擾，可以克服長期以來矽積體電路
製作技術複雜、能耗大等弊端。

(4)**具有自愈特性**

　　生物晶片是有機物，能發揮生物本身的調節機
能、自動修復發生故障的晶片，因而將成為一種半
永久性的元件，所以生物電腦便具有自愈特性。蛋
白質分子還能自我組合再生新的微型電路，表現出
很強的「活性」。

(5)**具有模仿人腦的思考機制**

　　因為生物晶片具有生物活性，因而可與人體的
組織有機地結合在一起，特別是能夠與大腦的神經
系統相連，使人的有機體與生物晶片元件的接口自
然吻合。這樣，生物電腦就可直接受人腦的指揮，
成為人腦的輔助裝置或擴充部分，並能由人體細胞
吸收營養補充能量，不需外接能源，這不僅節約了
能源，而且方便。專家設想生物電腦將有可能給盲
人帶來巨大便利。只要把一塊有機晶片放入盲人眼
中，溝通腦神經細胞與視網膜上兩種感光細胞之間
的聯繫就能使盲人重見光明。

(6)**具有較高的人工智慧**

　　它能如同人那樣進行思考、推理，能認識文字、
圖形、能理解人的語言，因而可以在通信設備、衛
星導航、工業控制等領域發揮其重要作用。

(7)具有超高密度

這是因為蛋白質分子比矽晶片的電子元件小得多，其直徑大約是 20nm，所以用它做成的晶片，每平方毫米就可以裝上十億個門電路。如果把這些生物分子相互重疊連接，就可以得到每立方毫米含有上百億個門電路的立體生物晶片。

3.3.2 生物計算研究進展

生物計算是伴隨著分子生物學的興起和發展而出現的。在過去的 40 年中，分子生物學已將生命現象分解成大量的基因和蛋白質的組合。目前人們已經發現，在生物大分子之間遵循化學和物理規律發生相互作用過程中，形成具有類似電腦的資訊傳輸和處理，甚至邏輯運算功能的「生物電路」。科學家提出一些蛋白質的主要功能不是構成生物體的某種結構，而是用於傳輸和處理資訊。另外。在生物的糖解過程中也發現了邏輯運算現象，並找到了有關的邏輯門。

作為生物計算的一個成功而最具代表性的例子就是 DNA 電腦。DNA 電腦正以不斷發展的生物技術為基礎，開始向以積體電路為核心的傳統「無機」電腦挑戰了。雖然在微電子技術的帶動下，傳統電腦也正向高速度、小體積和大存儲量飛速前進著，但由於積體電路的複雜性。無機矽晶片的存儲極限，以及傳統電腦本身計算方法的局限性，使電腦完成超微結構超大存儲量和在處理某些問題時運算速度的提高存在很大困難。而生物技術

的發展所帶來的生物晶片，即DNA晶片，則恰恰在以上方面大大優於傳統電腦，使人們所追求的數據並行處理和晶片自動修復功能有可能在DNA電腦上得以實現。

　　攜帶有大量的遺傳編碼的DNA，可以透過生物化學反應完成遺傳訊息的傳遞，這一過程是生命現象的基本特徵之一。DNA電腦的基本原理是：DNA分子中的編碼作為存儲的數據，當DNA分子間在某種酶的作用下瞬間完成某種生物化學反應時，可以從一種基因代碼變為另一種基因代碼。如果將反應前的基因代碼作為輸入數據，那麼反應後的基因代碼就可以作為運算結果。這樣，透過對DNA雙螺旋進行豐富的精確可控的化學反應，包括標記、擴增或者破壞原有鏈來完成各種不同的運算過程，就可能研製成一種以DNA作為晶片的新型的電腦。由於它採用的是一種完全不同於傳統電腦的運算邏輯和存儲方式，在解決某些複雜問題時將具有傳統電腦所無法比擬的優勢。

　　近年來，借鑑生物學原理進行科學計算技術的研究已成為科學計算領域的典型特徵之一。比較著名的有模擬人的大腦學習機制而建立的人工神經網絡，受達爾文演化論啟發而建立的遺傳算法，以及模擬人體的免疫機制而提出的免疫算法。生物分子計算的思想產生可追溯到電腦剛產生的年代。科學家希望利用生物分子來改進電腦硬件的效率，因為生物分子在化學反應中具有高度的並行性，而且它們在自然界中大量存在，體積小而可編碼的資訊量卻非常大。

　　早期生物分子計算的工作只是嘗試利用生物材料模

仿傳統的電子模式，直到 1994 年，Adleman 利用 DNA 分子計算方法解決了哈密頓路徑問題（Hamiltonian path problem, HPP），在生物分子計算領域開啟了一個新紀元。在過去的幾年中，不斷有新的分子計算技術產生，讓我們看到生物分子計算技術是一個嶄新和充滿潛力的研究領域。

3.3.2.1 生物分子計算技術的基本思想和基本方法

⑴分子生物學原理

遺傳物質的 DNA 攜帶了大量的遺傳訊息。DNA 分子由 4 種帶不同鹼基的單核苷酸構成：A（腺嘌呤）、G（鳥嘌呤）、T（胸腺嘧啶）、C（胞嘧啶）。在 RNA 分子中，T 由 U（尿嘧啶）代替。這 4 種核苷酸由 3'-5'磷酸二酯鍵連接形成單核酸鏈，鏈的兩端分別稱為 3'末端和 5'末端。DNA 雙鏈分子由兩條反向平行的單鏈根據 Watson-Crick 鹼基互補配對規則構成、即 A 與 T，G 與 C 形成鏈間氫鍵。寡聚核苷酸（oligonuclcotide）是指比較短的單鏈多聚核苷酸鏈，通常少於 30 個核苷酸。

分子計算一般是利用核酸分子 DNA 或 RNA 的分子特性和生化反應來進行計算的。例如：在某個具體問題的生物分子計算過程中，先依靠聚合酶合成能反映特殊編碼方案的 DNA 分子，然後利用核酸分子互補配對的性質和連接反應生成代表問題所有可能解的分子，再採用限制酶破壞非答案分子，並藉助聚合酶鏈式反應和電泳技術排除錯誤答案，最

後獲得正確答案。生物分子計算中用到的典型生化反應包括連接（ligation）、加熱變性與降溫、雜合（hybridization）、酶催化反應等。

連接反應的功能是將兩段雙鏈DNA分子連接生成一個雙鏈DNA分子，在分子計算中一般用於生成組合數據解的集合。在DNA連接酶（ligase）的作用下，使DNA分子切口（nick）處的相鄰核苷酸的3'羥基和5'磷酸生成磷酸二酯鍵，從而彌合切口。該反應只有在相鄰核苷酸各自的鹼基處於配對狀態時，連接酶才起作用。

加熱變性和降溫配對是核酸分子的重要反應特性，在生物分子計算中則位於控制計算過程和連接前後計算步驟的樞紐、比如擴增DNA雙鏈分子前先要用熱變性得到單鏈分子。核酸的變性是指核酸雙螺旋區的氫鍵斷裂，變成單鏈。由溫度升高而引起的變性稱為熱變性。將熱變性的DNA緩慢冷卻時、兩條彼此分開的單鏈又可重新結合，成為雙螺旋結構，這個過程稱為復性或降溫配對。

核酸的雜合反應發生在DNA單鏈復性時，若兩條單鏈分子間在某些區域有互補的序列，則復性時會形成雜合DNA雙鏈分子。DNA分子與互補的RNA分子之間也可發生雜合。雜合反應幾乎貫穿於生物分子計算的整個過程。

在DNA分子計算中常用的酶有連接酶、限制性內切酶（restriction endonuclease）、核酸外切酶（exonuclease）、聚合酶（polymerase），也有的計算方法

中用到DNA的修復和修飾酶系統。核酸內切酶和外切酶常用於從可能答案的集合中篩選編碼了計算結果的DNA分子。限制性內切酶具有極高的專一性，它能識別雙鏈DNA上特定的酶切位點，將兩條鏈都切斷，形成黏末端（sticky ends）或平末端（blunt ends）。

另一個重要的酶催化反應是聚合酶鏈鎖反應（polymerase chain reaction, PCR）。該反應能從DNA分子中選擇性地複製一段特定序列。該反應需要這段序列的兩端結合小段互補的寡聚核酶酸做引子，在聚合酶的作用下以單鏈核酸為模板複製生成互補鏈。PCR常用於DNA計算中DNA分子鏈的擴增。

⑵生物分子計算技術的基本邏輯

生物分子計算技術一般是先產生代表問題所有可能解的答案分子，然後透過生化反應及電泳等分離技術逐步排除錯誤答案，最後得到正確答案。生物分子計算技術一般可概括為3個基本步驟，即：分析要解決的問題，採用特定的編碼方式，將該問題反映到DNA鏈上，並根據需要合成DNA鏈；根據鹼基互補配對的原則進行DNA鏈的雜合，由雜合或連接反應執行核心處理過程；得到的產物即為含有答案的DNA分子混合物，用提取法或破壞法得到產物DNA。

在提取前通常採用PCR技術或選殖技術擴增DNA的量，提取分析後得到結果，常用的提取方法有凝膠電泳。破壞法的目的是排除非答案DNA分

子，如使用限制性核酸酶切斷干擾 DNA 鏈。

　　如果待計算的問題比較複雜，經一輪的核心處
理和提取分析只能得到中間結果，那麼可重複上述
步驟直到得到滿意結果為止。圖 3-4 為 Adleman 求解

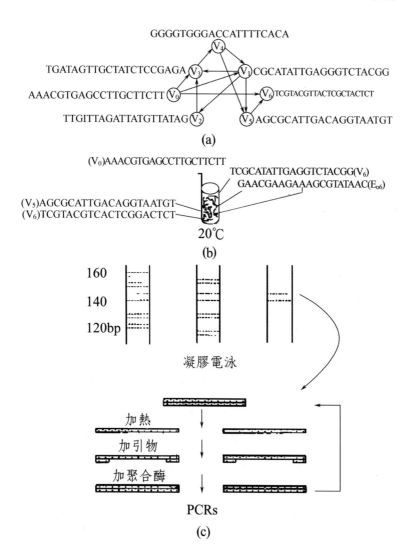

圖 3-4　Adleman 計算 HPP 的分子計算方法

HPP 問題的過程，由此可見生物分子計算技術的一般原理。

　　HPP 問題可表述為：對於一幅有若干個頂點的地圖，該圖中只有一個出口頂點和一個入口頂點，頂點間由若干條有方向的邊相連，如果圖中有一條由入口頂點進入，沿有方向的邊單向通過其餘各頂點只一次，最後到出口頂點結束的路徑，那麼該地圖就有所謂的 Hamiltonian 路徑。圖 3-4(a)為一幅有 7 個頂點的地圖，圖中 V_0 為入口頂點，V_6 為出口頂點。

　　首先根據圖 3-4(a)產生代表隨機路徑的 DNA 分子，具體方法為：對於圖中的每一個頂點 V，用一段含有 20 個隨機鹼基序列的單鏈 DNA 表示。由頂點 V_i，到頂點 V_j 的邊 E_{ij}，用一段與由 V_i3'端 10 個鹼基和 V_j5'端 10 個鹼基互補的寡聚核苷酸 DNA 單鏈表示。將所有表示邊和頂點的 DNA 單鏈混合在一起反應，則 E_{ij} 會同代表頂點 V_i 和 V_j 的 DNA 單鏈的互補序列配對，從而充當夾板將 V_i 和 V_j 連接起來生成隨機路徑，見圖 3-4(b)。

　　其次，在得到代表隨機路徑的 DNA 分子混合物後，要由其中篩選出代表 Hamiltonian 路徑的分子。第一步先有選擇地擴增由入口頂點 V_0 開始，出口頂點 V_6 結束的路徑分子，實現方法見圖 3-4(c)。用 V'_0 和 V'_6（V_0、V_6 的互補鏈）做引子，進行 PCR 反應。PCR 擴增的結果得到由入口 V_0 開始、出口 V_6 結束的 DNA 分子。第二步將擴增的產物用凝膠電泳分離，保留含有 140 個鹼基對的 DNA，因為只有包含 7 個

頂點的 DNA 分子長度為 140（20×7）個鹼基對。將
該段DNA再用PCR擴增，並用電泳萃取純化。第三
步由含有140個鹼基對的DNA分子中篩選出透過所
有7個頂點僅一次的DNA分子。先將第二步中得到
的 DNA 雙鏈混合物變性製造出 DNA 單鏈，然後將
這些單鏈分子與連接了V'_1的磁珠體系培育，則含有
V_1的 DNA 單鏈分子會同 V'_1 發生降溫配對反應而保
留下來，依次用連接了V'_2、V'_3、V'_4、V'_5的磁珠重複
同樣的步驟，最後得到含有Hamiltonian路徑的DNA
分子。

⑶ 生物分子計算技術的基本方法

① POA 技術

在分子計算技術中，對於待解決的問題，一
般要先產生儘量多的可能解，所以快速產生問題
的所有可能解是非常重要的。在分子計算技術中，
一般利用POA技術（parallel overlap assembly）建立
待計算問題的數據集合。POA 原理見圖 3-5。

待合成的 DNA 分子如圖 3-5(a)所示，其中 V_i
段是位值（bit's value sequence）序列，數據集合中
不同的DNA分子的V_i鹼基序列可不同，以構成所
有可能解。P_i段是分隔 V_i 的位置序列（position
sequence），數據集合中所有 DNA 分子均有相同
的位置序列。POA技術開始先合成如圖 3-5(b)所示
的寡聚核苷酸鏈，每一段均有兩個位置主題 P 和
一個值主題V。i為偶數時，序列為$P_iV_iP_{i+1}$；i為奇
數時，序列為$P'_{i-1}V'_iP'_i$（表示$P_iV_iP_{i-1}$的鹼基互補序

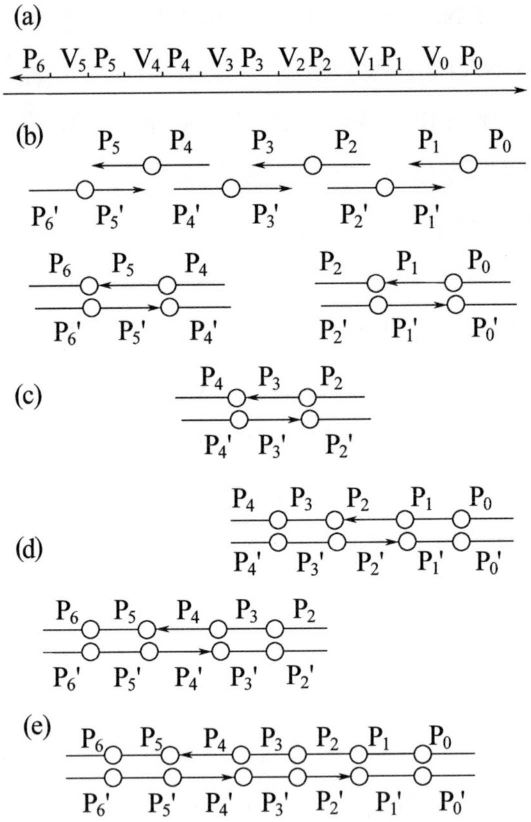

(a)

$$P_6 \; V_5 \; P_5 \; V_4 \; P_4 \; V_3 \; P_3 \; V_2 \; P_2 \; V_1 \; P_1 \; V_0 \; P_0$$

(b)

$$P_5 \qquad P_4 \qquad P_3 \qquad P_2 \qquad P_1 \qquad P_0$$

$$P_6' \quad P_5' \qquad P_4' \quad P_3' \qquad P_2' \quad P_1'$$

$$P_6 \quad P_5 \qquad P_4 \qquad\qquad P_2 \quad P_1 \qquad P_0$$

$$P_6' \quad P_5' \quad P_4' \qquad\qquad P_2' \quad P_1' \quad P_0'$$

(c)

$$P_4 \quad P_3 \quad P_2$$

$$P_4' \quad P_3' \quad P_2'$$

(d)

$$P_4 \quad P_3 \quad P_2 \quad P_1 \quad P_0$$

$$P_4' \quad P_3' \quad P_2' \quad P_1' \quad P_0'$$

$$P_6 \quad P_5 \quad P_4 \quad P_3 \quad P_2$$

$$P_6' \quad P_5' \quad P_4' \quad P_3' \quad P_2'$$

(e)

$$P_6 \quad P_5 \quad P_4 \quad P_3 \quad P_2 \quad P_1 \quad P_0$$

$$P_6' \quad P_5' \quad P_4' \quad P_3' \quad P_2' \quad P_1' \quad P_0'$$

圖 3-5　POA 技術的 DNA 分子編碼原理

列）。接著將這些寡聚核苷酸片段混合，進入熱循環。在每一輪循環中，互補的鹼基序列在聚合酶的作用下都會生成更長的DNA雙鏈分子，如圖 3-5(c)和圖 3-5(d)。經過幾輪循環後，就生成了代表可能解的完整DNA分子，構成了所有可能解的數據集合，如圖 3-5(e)。該反應是在多個核酸片段上同時進行的，充分展現了分子計算技術的並行優勢。

②髮夾結構（hairpin structure）和 Whiplash PCR

　　由單鏈DNA形成的髮夾結構也被應用於DNA
分子計算技術中。繼 Adleman 之後生物分子計算
技術的理論研究也很活躍，其中包括DNA自動計
算體系研究。在這些自動體系中，計算的邏輯沒
有任何外加控制或實驗步驟次數大大減少。Winfree
等人提出生物分子形成二級結構的趨勢可能對這
些計算子的表達有用。

　　當一條單鏈 DNA 內部的互補鹼基發生配對
時，會形成髮夾結構。利用這種二級結構，可使
DNA 分子計算技術完成自動控制。

　　另一個分子生物學中普遍應用的技術被Hagiya
等人首次用於 Boolean μ-formula 的學習問題中，
Adleman 將該方法命名為 Whiplash PCR。在一個單
鏈 DNA 分子上，資訊被按如圖 3-6 所示的方式編
碼：x-p-q-x，其中q和q'表示兩段互補序列，分子
上可含有大量該類型的序列。該單鏈DNA分子在
3'末端的q'序列與q序列在降溫配對的過程中形成
了髮夾結構，並且以它自己為模板複製延伸，複
製反應遇到中止子x停止。

　　如果 3'末端的序列編碼了分子的當前狀態，
則此反應可被視做狀態變遷（state transition）。

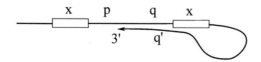

圖 3-6　Whiplash PCR 的髮夾結構

如果髮夾DNA分子被變性，如溫度升高，那麼降溫鹼基配對時一般又會產生一個新的髮夾結構，成為進一步的變遷。實驗證明，熱循環或合適的等溫條件可產生成功的變遷。這整個的反應過程稱作Whiplash PCR。採用了Whiplash PCR的計算方法有幾個顯著特性：

(A)當大量的狀態並行發生時，可由簡單的熱循環控制。

(B)變遷一旦發生，會自己終止而無需人為干預，而且該方法經實驗驗證是可行的而且可靠的。

Winfree 後來發現了該方法的一個重要特性（分支程序）和一個普遍採用的技術（goto程序）。

在生物分子計算技術中，髮夾結構曾被認為是錯誤的，但事實顯示它是一個有力的計算工具。

③ RNA 用於生物分子計算技術

Landweber 等人首次將 RNA 用於分子計算的工作，他們用該方法解決了一個象棋難題。該方法先產生所有代表可能解的RNA分子，然後將編碼不滿足該問題的DNA分子與代表組合數據庫的RNA 分子雜合，再用核醣核酸酶去除 RNA-DNA 雜合分子中的RNA，以得到編碼正確結果的RNA分子。

對於用破壞法尋找答案的分子計算技術，採用RNA與採用DNA的算法比較，RNA可能比DNA更合適。因為DNA計算中錯誤的產生往往不是由於正確解的缺失，而是未去除乾淨的DNA分子造

成的污染。對於RNA參與的分子計算，因為RNA
的 2'-羥基對水解敏感，故能提高選擇性因而降低
錯誤率。此外，破壞DNA分子的計算方法是利用
限制酶識別雜合DNA雙鏈中的限制酶切點而破壞
DNA分子，但限制酶的切點與酶的種類有限，而
核醣核酸酶則幾乎能切斷所有與DNA配對的RNA
分子，並且可切斷RNA的核醣核酸酶的種類也較
多。所以RNA參與的分子計算的適應性較強。

④完全酶控制的DNA計算技術

　　一般DNA計算需要用分子生物學的技術由反
應混合物中提取代表答案的DNA分子，這個過程
通常要用PCR擴增產物，並用凝膠電泳分離，這
兩個操作都耗時而且易產生錯誤。Garzon 等人提
出了一種完全酶控制的方法來獲得代表答案的DNA
分子，並應用該方法解決了 Hamiltonion Graph 問
題。該方法中對代表地圖中各頂點的DNA鏈採用
了特殊的編碼方案使它們降溫配對後生成的路徑
是一個封閉單鏈分子；路徑分子的擴增利用了DNA
修復系統中具重要作用的 REC-A 蛋白、聚合酶；
路徑的篩選中使用了單鏈核酸內切酶、核酸外切
酶、連接酶，整個擴增和篩選輔以熱循環。實驗
證明，用該方法既排除了不需要的DNA分子，又
會使代表可能路徑的 DNA 分子以指數倍擴增。

⑤其他計算方法

　　Winfree 等人精心設計和選擇了帶有 3 個或 4
個黏性末端的三分支和整合結構的碎片（tile）DNA

分子完成了抽象的拼圖（tiling），並用於分子計算的自動控制。Garzon 等人利用生物分子體系內在的容錯機制提出了自動控制和容錯的有限狀態機（Finite State Machine, FSM）的分子實現方法。Shapiro提出了一個類似的用來實現圖靈機（Turing machine）的方法。邏輯電路（boolean circuit）的應用將把電腦中資訊處理技術成功地引入分子世界，是分子計算技術中的一個重要進步。Lipton較早提出將邏輯電路的評價方法用做滿意（Satisfiability, SAT）問題和古典 NP 問題（難解的非指數問題）的解決方案。Amos等人改進了這種方法的應用。Arita 將該方法應用於 HPP 問題。

3.3.2.2　生物分子計算技術的實現

(1)基於溶液反應的生物分子計算技術

前述 Aldeman 的 DNA 計算實驗是在試管中進行的，即計算過程中DNA分子始終處於溶液體系，是典型基於溶液反應的生物分子計算技術。繼Aldeman之後，Lipton 提出了一個通用的並行計算模型，該模型在試管中應用了提取、合併、刪除和放大等分子操作。試管系統也曾被提出作為DNA電腦系統。這些使用試管系統的生物分子計算屬於基於溶液的計算技術模式。採用溶液模式的DNA分子計算的優點是試管系統中可容納的DNA分子數量大，所以允許大量DNA分子拷貝參與計算因而降低錯誤機率。

⑵**基於表面的生物分子計算**

　　Wisconsin 大學的 Corn 和 Smith 等人提出將 DNA 分子固定於固體表面的計算方法，整個計算過程與 DNA 分子序列測定均在支持物（如鍍金玻璃）的表面進行。Liu 等人將基於表面的 DNA 分子計算分為以下 6 個主要步驟（見圖 3-7）：

① MAKE

　　首先合成一組代表待計算問題的所有可能解的單鏈 DNA 分子。

② ATTACH

　　將這些 DNA 分子固定於支持物表面。

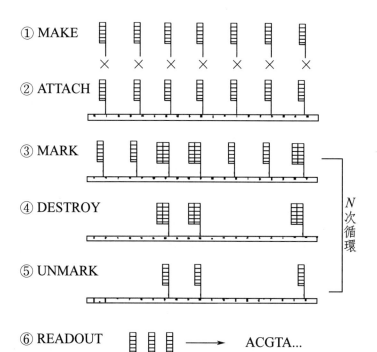

圖 3-7　表面 DNA 分子計算步驟

③ MARK

將代表滿足問題條件的單鏈DNA分子與表面
上的 DNA 分子雜合。

④ DESTROY

採用核酸外切酶破壞未雜合的單鏈DNA分子。

⑤ UNMARK

用升溫或變性去除表面上留下的雙鏈DNA分
子的互補鏈；如還有條件未實現，則重覆步驟③～
⑤。

⑥ READOUT

將表面上留下的代表正確結果的DNA分子用
PCR 擴增，再進行序列分析。

與溶液方法比較，表面分子計算技術有如下優
點：樣品處理方便；可降低樣品處理中的損失；降
低寡聚核苷酸的相互影響；固相表面為每一步的
DNA分子提純提供了方便。他們認為，DNA分子計
算技術只有採用固相方法才能被實際應用。但基於
表面的計算是在平面上進行的，表面可容納的資訊
量小。

Smith 等還對 DNA 分子的資訊編碼形式對計算
的作用做了研究，如：單鹼基編碼，利用單詞
（WORD）的編碼形式。研究顯示，採用單詞編碼
形式可提高長鏈核酸分子的雜合解析度和效率。在
基於表面的 DNA 分子計算中，對表示結果的 DNA
分子的序列分析步驟（READOUT）除可用傳統的電
泳方法定序外，也可採用與特定單詞編址陣列（sound-

specific addressed array）雜合的方法，對於DESTROY
步驟，也可採用限制性內切酶。

3.3.2.3　生物分子計算技術的應用

　　自 Adleman 成功應用 DNA 計算解決了 HPP 問題之
後，化學家、生物學家、電腦科學家共同努力，嘗試用
生物分子計算技術解決更多的問題，希望充分發掘生物
分子計算技術的潛力。HPP問題居於組合優化類的NP完
全問題。用生物分子計算技術計算該類問題有很多成功
的實例。

⑴**哈密頓路徑問題**（Hamiltonian path problem）

　　　　Adleman於 1994 年首次使用DNA分子計算技術
解決了一個 6 頂點的 Hamiltonian 路徑問題。Garzon
等人應用完全酶控制的 DNA 計算技術來篩選答案
DNA分子並求解該問題。Arita等人使用POA技術改
進了求解該問題的分子計算技術。

⑵**最大集合問題**（maximal clique problem）

　　　　Ouyang等用DNA算法解決了一個具有 6 頂點、
11 條邊的最大集合問題，如圖 3-8(a)。

　　　　最大集合問題同 HPP 問題一樣也屬於 NP 完全
問題。該問題可表述為：對於一給定 N 個頂點，M
條邊的網絡，求其中最大的集合中包含有哪些頂點。
集合（clique）是這樣的一組頂點，其中每一個頂點
都與集合中任一其他頂點由一條邊相連。以下是
Ouyang 解決最大集合問題採用的DNA 分子算法：

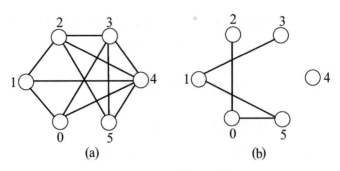

圖 3-8　最大集合問題

① 數據集合的建立。對於一個有 N 個頂點的圖，每一個可能的集合用一個 N 位二進制數代表，每一位代表一個頂點，若位值為 1，表示該頂點存在於當前集合中；若位值為 0，表示該頂點不存在。例如：用 110010 表示圖 3-8(a)中的一個集合 clique（0, 1, 4），用這種方式，把所有可能集合表示為由二進制數組成的完全數據集合。在 DNA 分子計算中，數據集合的建立採用了 POA 技術，每一位由兩段 DNA 序列 V_i 和 P_i 組成，V_i 表示位值，P_i 表示位置值（P_0–P_6），見圖 3-5。V_i 若為 0，則由 10 個鹼基構成，若為 1，則無鹼基，P_i 由 20 個鹼基構成，而且 V_i=1 周圍的核酸序列都預置了不同的限制酶切位點。因此在數據集合中最長的 DNA 為 200bp，編碼為 000000，最短的為 140bp，編碼為 111111。

② 用限制酶排除數據集合中的代表錯誤答案的 DNA 分子。先產生圖 3-8(a)的互補圖 3-8(b)，其中頂點間的連接正是圖 3-5(a)中沒有的。然後根據圖 3-5(b)

設計排除代表錯誤答案的DNA分子的方案，依次用不同的限制酶排除含有圖 3-8(b)所示連接的DNA分子。依據圖 3-8(b)排除數據集合中所有錯誤的DNA 分子後，剩餘的 DNA 分子為對應於圖 3-8(a)的所有集團，再用 PCR 擴增這些 DNA 分子。

③整理數據集合，找出擁有最多 1 的數據，對應於含鹼基數最少的DNA分子，即為最大集合。對於DNA 的序列分析，Ouyang 等採用 M_{13} 噬菌體攜帶DNA 進入 *E.coli* 進行選殖，最後提取 DNA 並進行序列分析，得到最大集團為 001111。

⑶**滿意問題**（satisfiability problem, SAT problem）

　　SAT 問題是一種布爾邏輯運算中的 NP 完全問題。Lipton 較早提出了解決 SAT 和 CNF-SAT（conjunctive normal form-satisfiability）問題的DNA解法。Smith 等人提出應用基於表面的DNA計算技術求解SAT問題的方案。

　　下面的邏輯表達式是一個 5 個變量（變量值取 0 或 1），4 個子句的 SAT 問題，求表達式值為 1 時各變量的值：

　　　　(x or y or not (z)) and (w or not (z))
　　　　　　　　　　and (v) and (not (w) or not (y))

　　對於這個SAT問題，Smith 等人先用表面計算的 MAKE 步驟生成固定於表面的代表所有可能解的單鏈DNA分子。接下來，對於每一個子句重覆如下步

驟：MARK、DESTROY、UNMARK；比如：第一次
用表示滿足子句1的互補鏈與表面DNA分子雜合，
再用酶破壞不滿足子句1的單鏈分子，即 X，Y 為
0，Z 為 1 的鏈。上述步驟循環若干次後，則最後滿
足表達式的鏈留在表面上。

　　CNF-SAT 問題是 SAT 問題的一個子集合。Sa-
kamoto 等人在無任何外加控制情況下採用髮夾形式
的 DNA 分子計算方法解決了 6 變量 10 子句的 CNF-
SAT 問題。例如：對於一個 3 變量 2 子句的邏輯表
達式(a or b) and (not (a) or not(c))，其可能解集合是當
子句1和子句2都為真時由3個變量的所有可能取值
組合而成，可表示為只要某個解不同時包括某一變
量和它的反面。那麼它就是正確的。在分子計算中，
首先合成可能解集合。各變量用不同的核酸序列表
示，變量的反面是該變量的互補序列，所以代表可
能解的DNA單鏈若同時包括某一變量和它的反面就
會形成髮夾結構，而滿足表達式的真解是沒有髮夾
結構的DNA分子。可採用兩種方法去除形成髮夾結
構的 DNA 分子：

①用酶切斷髮夾分子。一般用限制酶識別預製的酶
　切位點，排除形成髮夾的分子，剩餘的DNA鏈則
　為 CNF-SAT 的解。

②用類似PCR的方法擴增沒有髮夾結構的DNA分子
　來達到分離的目的，因為DNA聚合酶無法以形成
　牢固髮夾結構的分子為模板複製。

　　Eng 提出了一種計算 CNF-SAT 問題的活體 DNA

計算技術。

⑷矩陣乘法

　　Oliver提出布爾矩陣（Boolean matrix）和正實數矩陣相乘的計算技術。他將短陣相乘表示為有方向的圖，此時矩陣乘法比 HPP 或 SAT 問題更簡單，計算原理見圖 3-9。

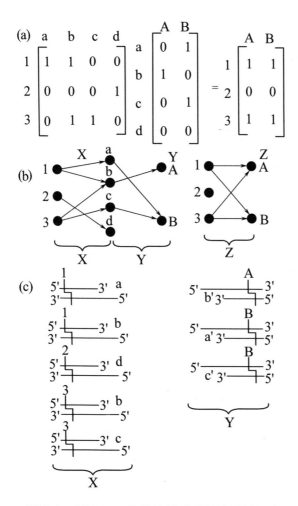

圖 3-9　用 DNA 分子算法實現兩矩陣相乘

圖 3-9 中，X、Y 為待乘的兩個布爾矩陣，Z 表示矩陣 X、Y 的乘積矩陣。在圖 3-9(a)中，1、2、3 為矩陣 X、Z 的行標記，在圖 3-9(b)中則為起點；A、B 為矩陣 Y、Z 的列標記，在圖 3-9(b)中則為終點；a、b、c、d 分別為 X 的列標和 Y 的行標。在圖 3-9(b)中，如果頂點（行標或列標）到頂點間由一條邊相連，表示具有該行標和列標的短陣元素值為 1，沒有則表示 0；在乘積 Z 矩陣中，帶連線的頂點表示在左側由起點 1、3 有路徑到達終點 A、B，相應位置的矩陣元素值為 1。

圖 3-9(c)中，每一個帶黏末端的雙鏈分子都對應於圖 3-9(b)中的一條由行頂點到列頂點的邊，而且各頂點都由不同的核酸序列表示，圖 3-9(c)中 a' 表示 DNA 分子中伸出的黏末端為 a 的互補鏈。在該問題的計算中，先合成如圖 3-9(c)所示表示短陣 X、Y 的 DNA 分子，然後將它們混合，則這些 DNA 分子中黏末端的互補鏈會在降火配對中生成代表由起點開始終點結束的 DNA 分子，也就是表示乘積短陣 Z 的 DNA 分子，分析這些 DNA 分子代表的路徑可得乘積短陣的值。

對於正實數矩陣的乘法，原理見圖 3-10。編碼圖 3-10 中頂點到頂點間邊的 DNA 序列要反映數字的大小，必須帶有傳播因子（transmission factor），則一條路徑中的傳播因子是路徑中每一條邊的傳播因子的乘積，而乘積短陣中的元素的值是每一條可能路徑中傳播因子的加和。

$$
X \begin{array}{c} \\ 1 \\ 2 \\ 3 \end{array} \begin{array}{cccc} a & b & c & d \\ \left[\begin{array}{cccc} 5 & 9 & 0 & 0 \\ 0 & 0 & 0 & 25 \\ 0 & 2 & 7 & 0 \end{array}\right] \end{array}
\quad
Y \begin{array}{c} \\ a \\ b \\ c \\ d \end{array} \begin{array}{cc} A & B \\ \left[\begin{array}{cc} 2 & 3 \\ 17 & 0 \\ 0 & 32 \\ 0 & 0 \end{array}\right] \end{array}
\;=\;
Z \begin{array}{c} \\ 1 \\ 2 \\ 3 \end{array} \begin{array}{cc} A & B \\ \left[\begin{array}{cc} 163 & 15 \\ 0 & 0 \\ 34 & 224 \end{array}\right] \end{array}
$$

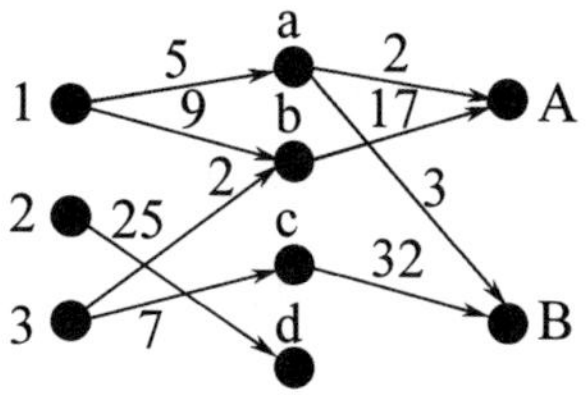

圖 3-10　用 DNA 分子算法實現兩正實數矩陣相乘

(5)其他應用

　　Paun 將 DNA 分子計算技術中先產生可能解集合，再移去非答案分子而得到答案解集合的過程稱為雕刻計算（computing by carving）技術，並用該方法計算了形式語言（formal language）問題。

　　關於DNA分子計算方法可解決的問題，科學家們還研究了背包問題（knapsack problem）、有界郵政通信問題（bounded post correspondence problem）、道路著色問題（road coloring problem）、DNA加法、因子分解法、打破數據加密規範（breaking the data encryption standard）、符號行列式展開（expansions of symbolic determinants）、電腦代數問題（computer algebra Problems）、簡單霍恩字句計算（simple Horn clause computation）以及有限狀態機（finite state machine, FSM）和圖靈機（Turing machine）的研究。

3.3.2.4 生物分子計算技術的發展展望

(1) DNA 電腦

1994 年，Adleman 用 DNA 計算技術解決了 Hamiltonion 路徑問題，這一實驗揭示了用分子生物學技術在分子層面上進行計算的可能性，成果令人振奮。1995 年 4 月初，全球電腦科學、分子生物學等相關學科的科學家匯聚於普林斯頓大學，舉行了 DNA 計算技術用於製造生物分子電腦的全球性會議。與會專家認為，DNA 分子計算技術的應用潛力非常巨大。

① DNA 電腦的最大優點就是其工作的平行性

即在同一時間試驗每一個可能答案。而電腦只能在同一時刻分析一個可能答案。因而當可能答案有許多時，電腦甚至是擁有許多處理器的超級電腦，也需要花費相當長的時間才能解決。以 Hamilton 路徑問題為例，當頂點數為 6 時，DNA 計算大約需要一個星期能夠完成（這道題即使在一張紙上演算，只需不足一個小時就能解決），而一旦頂點增至 70 個或更多，那麼即使是超級電腦也很難解決了。這時 DNA 電腦的優勢便顯現出來了，如果把兩個 DNA 分子的連接看成是一個簡單操作，同時假定在第一步中的 4×10^{14} 條核苷酸鏈中有一半參加連接反應，那麼第一步中進行了 10^{14} 個操作。而目前普通的電腦每秒鐘可以完成 10^6 條指令，最快的超級電腦每秒鐘可處理 10^{12} 條

指令。很明顯，這一步的規模很容易迅速擴大至 10^{20} 個操作或更多〔例如將皮摩爾（picomole）的數量級改為毫摩爾（millimole）〕。那麼在連接這一步中每秒所進行的操作量就比目前的超級電腦大了上千倍。

② DNA 電腦的另一個優點是它耗能極低

　　現在傳統的「無機」電腦由於複雜的積體電路製作技術，電路容易因故障發熱熔化，能量消耗大，現有的超級電腦只能利用 1J 能量進行 10^9 次操作。DNA 電腦，每一個連接反應中一分子三磷酸腺苷水解為磷酸腺苷和焦磷酸鹽這一反應的 Gibbs 自由能為-8kcal/mol，因此 1J 的能量就足夠進行大約 2×10^{14} 個這樣的反應了。根據熱力學第二定律，（300K 時）理論上 1J 能量可進行 34×10^{19} 次操作，可見這個能量利用率是相當高的。分子計算的其他部分所消耗的能量，例如核苷酸的合成和PCR擴增，比起超級電腦來說是微不足道的。

③ DNA 電腦可以達到極高的集成度

　　由於DNA電腦是建立在分子計算和分子存儲基礎上的，因而在DNA分子中，存儲資訊可以達到每立方奈米一個字節的存儲密度，極大地超越了目前的存儲介質，如磁帶的存儲密度只有每 $10^{12}nm^3$ 一個字節。

　　毫無疑問，建立在分子層面上的DNA電腦具有極誘人的研究前景。

　　當然，與任何一個新事物剛剛出現時一樣，

在目前這個探索階段，DNA 電腦還要面臨著一些技術上的挑戰，需要研究者們去面對。目前，DNA 計算中存在的問題主要表現在以下幾個方面：

① DNA 計算的誤差

DNA 計算過程不可避免地存在誤差。誤差來自於計算所採用的生物化學反應。研究顯示，DNA 計算中採用的 PCR 擴增技術的可靠性只有 95%。另外，雜合錯誤、DNA 鏈的缺失也是造成誤差的原因。在分離步驟中，編碼著 Hamilton 路徑的分子有可能沒有被結合上而丟失掉，而代表假「Hamilton 路徑」的分子卻有可能靠非專一性吸附而被保留了。對於誤差問題，研究人員在考慮使用糾正錯誤的措施。比如，在計算的開始就設計可防止錯誤的資訊編碼方式，或不用 PCR 擴增方法來分離答案 DNA 分子。

② DNA 計算的獨立性問題

計算過程中需要人為干預是分子計算的瓶頸，過多的人為干預使分子計算耗時、繁瑣，而無法實現分子計算的快速、高效的計算優勢，所以，生物分子計算技術應盡可能地採用自動控制的分子計算方式。Hagiya 深入闡述了排除人工干預，採用自動控制方案的重要性，並提出採用自控制方案將揭示更多分子計算的真正力量。

關於自控制的 DNA 計算也有一些研究。Winfree 為 DNA 二維分子拼圖設計的自動裝配反應。Garzon 為 Caley graphs 提供了一種自動裝配方案，採用了

與圖對應的編碼，應用 whiplash PCR 在計算中透過熱力循環作用完成自動裝配。

③邏輯上的障礙

　　邏輯上的障礙是指DNA電腦對於要解決的問題的多面性和對大量不同類計算問題的容納性和有效性的問題。由於傳統電腦在這一方面具有較好的靈活性，所以有些研究者認為，DNA 電腦在所有實際應用中不可能取代電腦。最佳方案是高度並行的任務用DNA電腦完成，而固有的串行工作仍由電腦完成，同時還應該開發一種高級分子編程語言。

⑵ DNA 計算與軟計算（soft computing）的結合

　　DNA計算與軟計算的集成研究成為焦點。軟計算是以類比生物學過程為基礎的算法，最常用的生物學思想是自然選擇或是適者生存，該類方法包括遺傳算法（genetic algorithms）、演化策略、免疫系統等。這些算法都用了一種產生和評價策略。通常先產生解的群體，再由適合度選擇適應性強的個體，透過某些變化手段，如基因交換和基因變異來替代適應性差的個體，從而更新群體。透過成功的傳代，改善個體的適應性，最後得到滿意的結果。

　　軟計算法的主要問題是對計算時間和運行時間的需求壓力，而生物分子計算技術的巨大並行性不僅可減輕軟計算法的計算壓力，也可由雜合錯誤中獲得有益的變異，所以生物分子計算技術和軟計算有良好的互補性。

DNA計算與軟計算結合的想法是作為對編碼問題的一個解決方案而被提出的。開始，群體由隨機編碼的環狀雙鏈DNA分子組成，自然發生的熱力學過程可作為適合度函數來提供選擇壓力，即雜合結果越好則編碼越好。選擇壓力在試管中可由修復機制完成，如切去錯配序列，再由聚合酶修復生成正確配對的分子。另一完成選擇的方法是用外切酶切斷和除去有循環結構的錯配分子。這些步驟重覆幾遍後，由評價和選擇就產生了純系的群體。在此過程中，可採用核酸變異技術使雜合錯誤變得有益，因為變異能保證編碼空間的有效搜索。交換可透過在編碼中加入鈍化的限制酶切點和加入適量濃度的酶來完成。Chen等人在採用了遺傳算法的DNA分子計算（DNA computing）方向上做了初步的工作。

免疫算法（immune algorithms）模擬了動物體的免疫系統。免疫系統能夠將自身的和外來的物質加以區別，Deaton 等提出一種基於分子的人工免疫系統，用來模仿自然免疫系統的這種能力，目的是保護電腦系統免受電腦病毒或其他因素破壞，用生物分子實現這一體系是以雜合為基礎的。

軟計算主要包括模糊邏輯推理、神經網絡理論、概率推理、遺傳算法、混沌系統等。任立紅等評述了DNA計算與軟計算中智能技術的結合，並認為未來DNA計算的發展將與軟計算做進一步整合。

3.3.2.5　生物電腦的研究動向

　　生物電腦的研製涉及多種學科，要求微電子學家、電腦技術專家與生物學家、化學家、分子物理學家、醫學家、遺傳學家和分子生物學家的相互結合、相互交流、共同努力才能取得突破性的進展。生物電腦的研製在一定程度上也反映了一個國家科技發展的水準，所以世界上不少國家都投入了相當力量和資金競相開發研究。美國、日本、英國、俄羅斯、以色列和韓國等國家早就開發了用於生物電腦的生物晶片的研究工作，其中以美國和日本的研究尤為活躍，目前世界上大約有幾百名科學家正致力於這種生物晶片的研究和開發工作，其中大多在美國。

　　美國科學家於 1999 年 7 月宣布，藉助活的螞蟥神經細胞初步製成了一台生物電腦。該機能進行簡單的加法運算。由美國喬治亞理工學院科學家研製的這台生物電腦，主要利用螞蟥神經細胞的自我組織功能來進行資訊處理，而不是像傳統電腦那樣透過預編程序的方法。科學家們介紹說，他們用微電極對置於培養皿中的螞蟥神經細胞進行了電刺激，這些細胞在受到刺激後會互相「通信」，然後讓每個神經細胞代表特定的整數，並將各神經細胞相連，最終該生物電腦成功地得到數字相加的正確結果。但該項研究目前還處於非常原始的階段，他們希望最終能研製出在矽片上生長神經細胞，以及將該矽片與現有的電腦晶片結合的技術，製造出更接近人腦工作方式的電腦。

美國普林斯頓大學開發的RNA電腦（RNA computer）實際上是一個含有1024種不同的 RNA 鏈的試管。用它來計算出一個國際象棋棋盤上擺放棋子的數學問題，算出43個正確答案，僅有一個錯誤。2001年以色列科學家研製成功了一種由DNA分子和酶分子構成的微型生物電腦，其大小僅是一滴水的一萬億分之一。這種電腦的結構和運算原理與目前的電腦完全不相同。但它同樣能夠接收輸入的資訊，並在處理之後輸出。與以往研製的一些DNA電腦不同的是，它能夠自動進行運算，不需要人工干預。以色列魏茲曼研究所的科學家使用兩種酶作為電腦的「硬體」，其軟體為「DNA」，輸入和輸出的資訊（數據）都是DNA鏈。將溶有這些成分的溶液恰當地混合，就可以在試管中自動發生反應，進行「運算」。作為原始數據的DNA鏈，相當於電腦使用的數據紙帶，上面的鹼基對就相當於紙帶上的小孔，代表「1」和「0」形式的二進制數據。作為硬體的酶和作為軟體的DNA與輸入的DNA數據發生反應，對它進行切割和連接，最終生成新的DNA「輸出數據」。用一般的電技術處理反應後的溶液，就可以讀出這些數據。

儘管一些生物電腦的雛形已有不少成功的報導，但科學家們普遍認為，由於成千上萬個原子組成的生物大分子非常複雜，其難度非常之大，因此要研製出具實用性的生物電腦恐怕還有很長的路要走。

分子馬達和奈米生物機器人

4

4.1　分子馬達

　　所謂分子馬達（molecular motor）即分子機械，是指
分子層面（奈米大小）的一種複合體系，是能夠作為機
械部件的最小實體。它的驅動方式是透過外部刺激（如
採用化學、電化學、光化學等方法改變環境）使分子結
構、構型或構象發生較大程度的變化，並且必須保證這
種變化是可人工調控的，使體系在理論上具備對外做機

械功的可能性。

世界上最小的分子馬達在哪裡？就在我們每個人的身體裡。分子馬達是生物體內的一類蛋白質，就像傳統的馬達一樣。它們「燃燒」燃料，做出特定的運動，完成特定的功能：它們是生物體內的「化學能與機械能之間的轉換器」；某些分子馬達也有定子、轉子等部位，只不過它們的尺寸都非常小，以奈米為度量單位，所以被稱為世界上最小的馬達。

生命在於運動，有機體的一切活動，從肌肉收縮、細胞內部的運輸、遺傳物質（DNA）的複製、一直到細胞的分裂等等，分子層面的觀察，都是源自於具有馬達功能的蛋白質大分子做功推動的結果。因此它們被稱為分子馬達、蛋白質馬達或蛋白質機器等。到目前為止，已有百種以上的分子馬達被確定，它們在有機體內執行著各種各樣的生物功能。分子馬達都是沿著相應的蛋白絲做定向運動。這些蛋白絲起著「軌道」的作用，它們都是有極性的，也就是說是有方向性的。這些分子馬達可高效率地將儲藏在三磷酸腺苷（ATP）分子中的化學能直接轉換為機械能，產生協調的定向運動而做功。迄今為止，人類所使用的機械中尚無由化學能直接轉換為機械能做功的任何記載。那麼由生物體反映出的這一獨特的能量轉換形式不僅對於生命活動是至關重要的，而且可以使人類從新的角度去認識、研究和利用這一能量轉換的分子機制。因此分子馬達做功原理及能量轉換機制已成為分子生物學、物理學、生物化學等諸多學科中最引人注目的問題之一，並會在相當長時間裡成為多學

科所共同面臨的一個極具挑戰性的科學研究領域。

　　對於真核細胞，最常見的為肌球蛋白馬達（myosin），動蛋白馬達（kinesin）和力蛋白馬達（dynein）三大家族系。肌球蛋白馬達與肌動蛋白絲（actin filament）合在一起稱為肌球動蛋白（acto-myosin）。當肌肉收縮時，肌球蛋白馬達沿著肌動蛋白絲滑動；動蛋白馬達和力蛋白馬達都是沿著微管（microtubule）運載囊泡（vesicles）與胞器（organelles）等做定向運動。肌肉的肌球蛋白馬達和常規的動蛋白馬達是迄今為止研究得最多且最具有代表性的兩個系統。它們的大小都是幾十奈米。近來，利用高解析度電子顯微鏡觀察到這兩種蛋白馬達的頭部的馬達區，發現它們大小雖不相同，且肌球蛋白是動蛋白的 3 倍，但包含著十分相似的蛋白質折疊結構。甚至連在功能催化活性部位的胺基酸殘基都是同源的。這本該意味著它們的功能也應是相似的，然而在 ATP 作用下，一個肌球蛋白馬達沿著肌動蛋白絲做跳躍式的運動，馬達與軌道之間的結合只是瞬間的，只有大量肌球蛋白馬達在一起才有可能做連續性運動。而單個動蛋白馬達卻可以使負載沿著微管運行相當長的距離而不「脫軌」，做前進式運動。用所謂「負載比」γ（馬達與軌道結合在一起的時間與整個過程的時間之比值）來表示這兩個系統的運動情況，前者的負載比幾乎為零，而後者則近乎 100%。可以這麼說，肌球蛋白馬達相當於眾多划船者，而動蛋白馬達相當於單個挑夫。這種在結構上相似而在功能上存在巨大差異的問題一直令人十分困惑。這實際上是涉及了如何能統一認識眾多種類的分子馬達，在結

構與功能上所顯示出來的多樣性的這一難題。

　　分子馬達的結構多種多樣，其運動方式也多姿多彩。分子馬達的運動方式與它們行使的功能有關，功能不同，運動方式也不一樣，一般分為線性推進和旋轉式推進兩大類。表4-1列出了分子馬達的種類和運動形式，表 4-2 為分子馬達的運動特徵。有的分子馬達對能量的利用效率高得驚人，例如F_0F_1-三磷酸腺苷酶，其效率接近 100%。它們運動的能量來源以生物體內的「貨幣」ATP 為主。少數能量來源來自於 Ca^{2+}，Na^+，K^+，H^+等離子在細胞器膜內外的濃度差所造成的化學位差。

表 4-1　分子馬達的種類及其運動形式

馬達種類		發動機部件	能量來源	運動形式
細胞骨架蛋白	驅動蛋白	微管蛋白	ATP	直線運動
	肌球蛋白	肌動蛋白	ATP	直線運動
聚合體	肌動蛋白	無	ATP	伸展－收縮
	微管	無	GTP	伸展－收縮
旋轉馬達	F_1-ATP 酶	F_0複合物	ATP	旋轉
	細菌鞭毛	很多的蛋白質	H^+/Na^+	旋轉
環狀馬達	AAA 蛋白	各種部件	ATP	扭轉，螺旋
核苷酸馬達	聚合酶	DNA-RNA	ATP	直線運動
	解旋轉酶	DNA-RNA	ATP	直線運動

　　大多數分子馬達的中心是 ATP 酶的作用點，它與 ATP 相結合水解$\beta-\gamma$磷酸鍵並釋放出磷酸鹽和 ADP。這些酶催化轉移反應使得核苷周圍蛋白質結構發生微小的變化，這一變化被傳到蛋白質的其餘部位，類似於多米諾效應（Domino effect）。

表 4-2　分子馬達的運動特徵

馬達種類		作用、特徵
細胞骨架蛋白	驅動蛋白	有絲分裂／細胞器運輸，微管運動
	肌球蛋白	肌肉收縮／細胞器運輸／胞質分裂
聚合體	肌動蛋白	細胞運動／皮層組織
	微管	有絲分裂／細胞質組織
旋轉馬達	F_1-ATP 酶	ATP 水解／合成，可逆，近 100% 的
	細菌鞭毛	效率推進細胞運動，快速可逆的馬達
環狀馬達	AAA 蛋白	中斷蛋白與蛋白的作用
核苷酸馬達	聚合酶	模板複製
	解旋轉酶	展開運動

4.1.1 旋轉的分子馬達 F_0F_1-ATPase

4.1.1.1　F_0F_1-ATPase 的結構

　　最有意思的是一個叫做 F_0F_1-三磷酸腺苷酶（F_0F_1-AT-Pase）的分子馬達，它應該算是世界上最小的旋轉「發動機」了。從原核生物 *E. coli* 到真核生物中，都有 F_0F_1-ATPase 存在。F_0F_1-ATPase 的一部分夾在細胞的脂雙層膜間，調節膜內外質子和鈉、鉀等陽離子的平衡。這種 F_0F_1-三磷酸腺苷酶進行三磷酸腺苷水解的時候，從下向上觀察（從 F_0 方向），它的轉子 γ 和 ε 次單位會逆時針轉動，而合成三磷酸腺苷的時候，它會進行順時針的轉動。見圖 4-1。

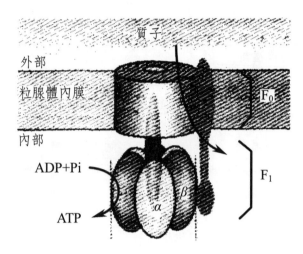

圖 4-1　粒腺體中 F_0F_1-ATPase 分子馬達的模型

　　這個分子馬達包括兩個複合體 F_0 和 F_1。F_0 是疏水的，由 c_{12} 次單位、a_1 次單位及 b_2 次單位構成，嵌在脂雙層膜中，a_1b_2 在一起被認為是馬達的「定子」，而 c_{12} 被看做是馬達的「轉子」。F_1 由 3 對 α、β 次單位相間組成類似橘子瓣的「定子」和一個由 γ、ε 次單位組成的「轉子」構成，還有一個連在 b_2 次單位上的 δ 次單位。

4.1.1.2　F_0F_1-ATPase 的運動機制

　　日本的 Yashida 和 Kinosita 實驗室用一種巧妙的方法觀測到了它的水解運動，其運動模型見圖 4-2。

　　該實驗室將螢光標記的肌動蛋白細纖維絲透過 γ-次單位中的第 199 位和 205 位的半胱胺酸固定在 F_1 的 γ-次單位上，這根纖維絲的長度是 F_1 直徑的 200 倍，可在螢光顯微鏡下直接觀察到它的運動。再將 F_1 透過 β-次單位上的組胺酸與塗有 Ni-NTA（Ni^{2+}-nitrilotriacetic acid）的玻

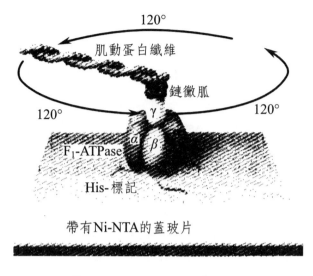

圖 4-2 F1-ATPase 旋轉模型

片相連接，在特製的容器中裝入含有 ATP 的溶液，用特製的螢光顯微儀對分子馬達轉動過程中 Cy3 螢光團位置的變化進行觀察。結果觀察到每水解一個 ATP，γ-次單位會轉動 120°，水解 3 個 ATP 分子，就完成了一個圓周運動。而且γ-次單位的轉動速度和 ATP 的濃度有關。在 20、60、200nmol/L 濃度下，分子馬達每轉動一周的時間分別為 5.5、2.4、0.84s。顯然，如果沒有纖維絲在溶液中產生的阻力，轉動的速度還會更快些。這個試驗也說明，水解 ATP 的時候不需要 F_0。

在大腸桿菌中，F_0F_1-ATP 酶催化 ATP 的合成是靠脂雙層膜內外的質子濃度差驅動完成的。而水解 ATP 的時候，F_0 又把質子運回來，形成新的質子濃度差。但對於從質子流動到 ATP 合成的完成過程研究得還不十分清楚，同樣，它的逆反應過程也不明晰。至於質子是怎麼

經由 c 次單位和 a_1b_2 次單位透過膜的？有研究顯示 c 次單位中的 Asp61（肽鏈中第 61 位谷胺酸）是一個很重要的胺基酸，被認為是 F_0 上 H^+ 的結合位置，它的質子化－去質子化循環可以轉運 H^+。劍橋大學的 P. C. Jones 等人透過 NMR 研究顯示，Asp61 羧基不在易受油脂雙層脂醯基鏈影響的 c_{12} 圓柱體的表面上，而是在單聚體中形成 c 次單位的「前對後擠壓」形式免受了油脂雙層的影響。而 c 次單位的載質子羧基位於 c_{12} 單聚體次單位和兩個 c 次單位經由「前對後擠壓」方式形成的質子（陽離子）禁錮點之間。載質子的 Asp61 被吸入進次單位之間，並可被利用。這是因為經過可供選擇的進、出口通道的質子化和去質子化作用要求有受擠壓的 c 次單位形成的旋轉通路並且還需要與不同的 a 次單位滲透膜螺旋線逐步結合。

環的旋轉方向取決於質子是從膜的哪一側通道進入。如果從膜的內側通道進入，那麼從 F_0 的底部看，c 次單位環是順時針旋轉的。當膜內外 pH 濃度差相反時，環向相反的方向旋轉。環的旋轉是靠跨膜的質子動力勢（proton motive force）推動的。科學家認為，c-次單位與 γ-次單位是直接連在一起的，它們之間的連接絲毫沒有減弱馬達的旋轉活性。

4.1.2 直線運動馬達

下面讓我們來看另外一類依賴於纖維運動的分子馬達。它們分別是：肌球蛋白，動力蛋白和驅動蛋白。肌球蛋白是在肌動蛋白上運動的，而動力蛋白和驅動蛋白

是沿著微管移動的。

4.1.2.1　肌球蛋白

對肌肉的肌球蛋白研究可以追溯到 1864 年，最近數十年來一直作為研究運動的模型系統。在 1985 年被發現用於玻管運動性試驗的普通驅動蛋白，相比較而言是一個新事物。

肌球蛋白是長形不對稱分子，形狀如「Y」，長約 160nm。電子顯微鏡下觀察到它含有兩條完全相同的長肽鏈和兩對短肽鏈，組成兩個球狀頭部和一個長杆狀尾部。肌球蛋白分子量約460kD，長肽鏈的分子量約240kD，稱為重鏈；短鏈稱為輕鏈。肌球蛋白作為細胞骨架的分子馬達，是一種多功能蛋白質，其主要功能是提供肌肉收縮力。纖絲滑動學說（sliding filament theory）認為肌肉收縮是由於肌動蛋白細絲與肌球蛋白絲相互滑動的結果。在肌肉收縮過程中，粗絲和細絲本身的長度都不發生改變，當纖絲滑動時，肌球蛋白的頭部與肌動蛋白的分子發生接觸、轉動，最後脫離的連續過程，其結果使細絲進行相對的滑動。此學說提出時有強而有力的實驗依據，但沒有在分子層面上加以證實。

4.1.2.2　驅動蛋白

科學家利用雷射陷阱影微鏡（laser trap/flow control video microscope）研究驅動蛋白運動的方式發現，驅動蛋白二聚體沿著微管一次前進了 8nm。在加利福尼亞大學，由 R. D. Vale 教授領導的實驗室提出了一個「手牽

手」運動模型：當驅動蛋白的一個「頭」和微管結合到一起的時候，另外一個「頭」向著前一個結合點移動。

日本一個科學小組分別在10℃和30℃兩種溫度下培育鯉魚，發現10℃水中的鯉魚游得更快。進一步的研究發現，它們的驅動蛋白序列在不規則區（loop 區）有 6 個胺基酸是不同的，在10℃下培育的魚的驅動蛋白運動的速度要快一些，而蛋白質的熱穩定性相對30℃培育下的魚要低。可見驅動蛋白結構的不同造成魚運動的速度不同。

根據驅動蛋白的動力域位置的不同分為 N 類、M 類和 C 類三種，其中通常的驅動蛋白為 N 類，而 ncd 蛋白（ncd microtubule motor protein）為 C 類。微管是具有極性的，N 類的驅動蛋白向微管的正端移動，C 類向負端移動。上述兩類蛋白為箭頭形狀，大小為 7.0nm×4.5nm×4.5nm，其頭部（動力域）的組成包括 8 條 β 折疊，在側面各有 3 個 α 螺旋。研究顯示雖然這兩類蛋白運動域的結構相同，但其運動方向卻完全相反。

人們還研究了單聚體的驅動蛋白的運動，Okada 等用基因工程的方法得到了一種 kifla（Kinesin-like protein kifla）分子，觀察到單分子前進的距離達到 840nm，相當於二聚體前進 8nm 的 100 倍。作者提出了一個單聚體驅動蛋白的運動模型，在分子馬達運動中心含有一個特殊的、富含賴胺酸的 K-loop 模型（見圖 4-3）。

結構研究顯示雖然兩類驅動蛋白的單體結構相同，但其二聚體在構形上完全不同。兩類驅動蛋白的不同主要表現在頭部（動力域）和繞線式螺旋的連接區域上，

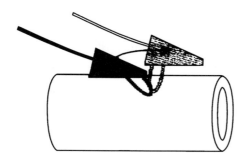

圖 4-3　單聚體的 K-loop 模型

對兩類蛋白的連接區域進行配對結合的實驗證實了這種結論。因此兩類驅動蛋白運動方向的結構基礎是由連接區域的立體構形和局部所組成決定的。

　　Stewart等人研究了對驅動蛋白定向運動發生作用的區域。透過構建一系列複合分子，可以確定定向移動所需的最小序列。現已發現，neck-1inker（for kinesin）和neck（for ncd）以及核心運動區域是分子定向運動所必須的。但是其他的序列能夠加速分子的運動。取代這些區域中 10 個高度保留的胺基酸（KIKNVNELTA）時，驅動蛋白的移動速度下降 500 倍，同時 ATP 水解速度下降 3 倍；將另外 2 個谷胺酸換成丙胺酸，移動速度下降 100 倍。對 ncd 蛋白的研究顯示，連接區可能透過核心運動域的某一個位點感知遠端ATP結合的構形變化。另外驅動蛋白的易彎曲性與正端移動存在一定的關係。

　　科學家已經對大量的驅動蛋白和肌球蛋白基因進行定序，依據這些序列分析的結果已經對分子馬達的演化和功能有了更深的了解。大量肌球蛋白馬達執行種類不同的生物活動，包括肌肉收縮、胞質分裂（cytokinesis）、

細胞運動、膜傳輸、細胞構造和某種信號的傳導途徑等。驅動蛋白參與了膜傳輸、細胞分裂、信使RNA和蛋白質傳輸、胰和鞭毛起源、信號傳導和微管聚合物等動力學過程。驅動蛋白在植物中也有很多生理功能，如細胞質流動、胞器運動、植物根毛與花粉管頂端生長、對細胞形狀的控制、有絲分裂、植物對重力感應、葉綠體運動等。這些新發現的驅動蛋白和肌球蛋白的分析已經顯示出馬達家族的運動性具有像普通蛋白和肌肉肌球蛋白自身一樣的多樣性。

因為驅動蛋白和肌球蛋白馬達有相似的核心結構和共同的演化祖先，科學家研究並比對多種驅動蛋白和肌球蛋白馬達，期望由此種比對能了解其運動機制及揭示出它們能將化學能轉換成動能的共同原理。

普通驅動蛋白與肌球蛋白不同，可以沿著微管蛋白一直走下去。後面的頭以捲曲螺旋為中心，轉動180°，往前移動了 16nm 後，前面的頭就變成在後面，繼續向前擺動16nm，其結果是每走一步可以前進8nm。驅動蛋白的兩個頭（藍色）就像人的兩條腿一樣，可以同時與「地面」（微管蛋白）接觸，交替向前邁進；相對而言，肌球蛋白就像瘸了一條腿的人一樣，只能一條腿往前跳。

肌球蛋白運動的不連續性和驅動蛋白運動的連續性反映了它們不同的生物角色，普通的驅動蛋白運輸小的膜細胞器官或蛋白複合物，沿著聚合物連續運動能保證用一個或幾個馬達蛋白就能完成有效的長距離運輸；相反的，肌肉肌球蛋白運動需要大量的一系列馬達，每一

個都必須與肌動蛋白結合，產生動作，然後再迅速分
開，以致不會阻止別的蛋白在同一纖維上繼續產生動作。

4.1.2.3　分子馬達運動的可能機理

⑴化學模型

　　　　從化學的角度來看分子馬達，它的反應有幾個
特點，一是效率都很高。其次，分子馬達在反應時，
選擇性非常高。所以，可以將生物馬達中的反應看
做電腦裡的「0與1」要麼是開，要麼就是關。現在
對分子馬達的研究主要集中在生物物理學方面，而
從化學的角度進行研究的還很少，還沒有具體研究
到化學鍵改變的層面。但我們猜想，這裡一定有一
個非常重要的元素在充當著開關的角色，這種原子
和其他的原子有著特殊的結合形式。趙玉芬院士認
為，這個元素是磷，這同趙玉芬院士經過多年研究
提出的「磷是生命化學過程的調控中心」的觀點是
一致的。可理解的是，三磷酸腺苷（ATP）不只是
作為能量的來源，還可能是參與分子馬達轉位過程
的重要「零件」，這個零件很可能就是其「開關」。

　　　　生命過程中許多內源活性物質在活化和轉化過
程中以五配位磷作為過渡態，很多生物分子也只有
在與磷酸根結合後才會出現生物活性。而且蛋白質
可逆磷酸化對細胞活動的調節有著至關重要的作用，
有研究顯示，一些蛋白激酶的磷酸化經歷了五配位
磷的過渡態。另外，核酸酶對RNA的切割也經歷了
五配位磷的過渡態。

因此，趙玉芬等研究者推測，在分子馬達與ATP作用的過程中經歷了五配位磷過渡態，活化了分子馬達，使之具有了運動功能。趙玉芬等研究者對五配位磷化學的研究已經有了很多重要的結果，進一步研究五配位磷與核酸水解、蛋白質可逆磷酸化的作用不僅有希望可以了解生物體內的能量轉化機制和分子馬達的運動機制，而且對於生命起源的研究有著十分重要的意義。

(2)物理模型

活細胞有複雜的內部結構，細胞質中有許多懸浮的具有膜的次級細胞結構，如細胞核、各種胞器、胞質顆粒等，此外，細胞內轉運的物質常包裝成具有膜的轉運小泡。細胞內這些物體的大小多為次微米至微米，使細胞質呈兩相系統。

這些細胞內物體在細胞質中的運動方式，有主動運動和被動運動兩種。主動運動是基於分子馬達的運動，被動運動是在細胞質中的擴散運動。這兩類運動在細胞內並存，耗能的主動運動負責細胞內物質定向長距離的轉運和分配，有重要的生物學意義。

根據實驗，唐孝威等研究者提出細胞內物體主動運動的 4 個要素是：馬達、軌道、能源、調控，主動運動是由分子馬達驅動、沿分子軌道定向運動、消耗 ATP 分子、並受信號分子調控的運動。

作為分子馬達的各種蛋白質，如肌球蛋白、驅動蛋白、動力蛋白等，都會將 ATP 分子水解所產生的化學能轉換為機械能。細胞內作為分子馬達的蛋

白質種類繁多，據估計總數有 100 種。分子馬達常
與細胞內物體的膜連接，組成複合體，分子馬達所
產生的作用力則會驅使與它們連接的物體運動。

　　作為分子軌道的各種蛋白質，如肌動蛋白、微
管蛋白等，是細胞骨架蛋白，它們組成有極性（有
方向性）的蛋白質纖絲，如微絲、微管及它們的複
合體，為細胞內物體運動提供運動軌道，馬達的性
質和軌道的極性決定了物體主動運動的方向，這種
運動受細胞信號分子例如 Ca^{2+} 的調控。

　　對細胞內物體的主動運動來說，上述 4 個要素
缺一不可：若沒有分子馬達，就失去主動運動的作
用力；若沒有分子軌道，就不能發生定向的主動運
動；若缺少 ATP 分子作為運動的能源及調控主動運
動的信號分子，主動運動也不能進行。

①細胞內的運輸網絡

　　基於分子馬達的細胞內運動是以細胞內運輸
網絡為依托的，根據實驗的觀測可以把細胞內運
輸網絡的特性概括說明如下：在細胞內部存在一
個纖絲網絡系統；細胞內物體的主動運動必須沿
著纖絲進行；細胞內纖絲是活動的，纖絲運動時
帶著相連接的物體一起運動。

　　細胞質是複雜的生物流體，電子顯微鏡觀測
到細胞中存在由分子軌道纖絲構成的、有組織的、
立體的、動態的纖絲網絡結構。這個結構作為一
個整體存在於細胞內部，形成細胞內物體主動運
動賴以進行的運輸和循環系統。

細胞內物體沿著分子軌道纖絲主動運動，而蛋白質纖絲可進行聚合反應和解聚反應，它們是柔性的、活動的，時時進行變形運動，向各個方向發生位移、分叉和重組，當纖絲運動時，它們帶著相連的物體一起運動，因此細胞內一個物體的運動是它自身沿著纖絲的運動和纖絲帶著它運動的結果。

由於主動運動是沿著分子軌道進行的，在纖絲靜止期間用瞬時連續記錄細胞內物體運動軌跡的方法，可以確定當時纖絲在細胞內的空間分布，在同一個細胞內不同部位，觀測到分子軌道纖絲的空間分布有多種模式，其中包括定向延伸的模式、局限於一定範圍內曲折的模式，以及上述兩種情況混合的模式。

實驗觀測到細胞內分子軌道纖絲的空間分布具有相似性。不同空間纖絲的分布模式都是只是分形，不同模式有不同的分形維數，這分形維數只由運動軌跡反映的纖絲幾何形狀決定，而與運動物體的大小無關。

②分子馬達產生的力

研究基於分子馬達的細胞內運動的動力學，首先要了解的是分子馬達產生的力，一定種類的分子馬達和分子軌道相互作用，作為分子馬達的蛋白質水解 ATP 分子，自身發生構形變化而沿著分子軌道運動。這時單個分子馬達產生的作用力有確定的大小和方向，把作用力 f 表示為確定值

f_0，在作為能源的 ATP 分子充分供應的條件下：

$$f = f_0 \qquad\qquad (4\text{-}1)$$

作用力 f_0 的大小是 pN，力的方向沿著分子軌道的方向，關於在 ATP 水解週期中分子馬達運行的詳細機制，目前正在研究中。

細胞內運動的物體是和分子馬達相連接，並在分子馬達產生的力驅動下運動的，在力作用的一段時間內，物體運動發生的位移是 d，根據能量守恆定律，分子馬達的作用力在運動物體上所做的功等於 ATP 分子水解提供的有效能量 E，即：

$$E = f_0\, d \qquad\qquad (4\text{-}2)$$

已知一個 ATP 分子水解提供有效能量 $W \approx 5\times10^{-20}$J，$E = nW$ 是 n 個 ATP 分子水解提供的有效能量。

細胞內各個運動物體分別由各自連接的分子馬達所驅動，因此在同一細胞內，一個物體進行的主動運動和其他物體的主動運動無關，表現出細胞內物體主動運動的個體性。

細胞內物體的主動運動是一種看起來既有序又雜亂的運動。其中空間上雜亂的主動運動，雖然表觀類似液體中懸浮微粒的無規則的布朗運動（Brownian movement），但它們和布朗運動有本質的區別，這裡稱它們為擬布朗運動。布朗運動

是分子熱運動引起的運動，而擬布朗運動則是基於分子馬達的主動運動，只因當時有關的分子軌道纖絲在空間上排列雜亂，所以運動方向就表現出無規則性。

假設細胞質內有一個球形的胞器，它在分子軌道上由分子馬達驅動而做主動運動，在時間間隔 τ 內，ATP 分子水解提供有效能量 $E=nW$，胞器主動運動的位移是 d，如果這個胞器脫離分子軌道，做布朗運動，在相同的時間間隔 τ 內，布朗運動位移的均方根值是 $\sqrt{x^2}$。推導出主動運動位移和布朗運動位移之比是：

$$\frac{d}{\sqrt{x^2}} = \sqrt{\frac{E}{2k_{\mathrm{B}}T}} \qquad (4\text{-}3)$$

式中，k_{B} 是玻爾茲曼常數（Boltzmann constant）；T 是絕對溫度。令 $\tau=10s$，$n=20$，$T=293K$，求得 $\frac{d}{\sqrt{x^2}} \approx 10$。

③細胞內物體運動的三定律

細胞內物體在細胞質中運動，雷諾數（Reynole's Number）表示慣性力和黏滯力之比

$$Re = \frac{vL\rho}{\eta} \qquad (4\text{-}4)$$

上式中，v 是物體運動速度；L 是物體的幾何大小；ρ 和 η 分別是細胞質的密度和黏度。設 $v = 10\mu m/s$，

$L=1\mu m$，$\rho=1g/cm^3$，$\eta=3\times10^{-3}Pa\cdot s$，求得$Re\approx3\times10^{-6}$，即黏滯力的影響遠遠大於慣性力效應。

　　假設細胞質近似為牛頓流體，考慮細胞內沒有壓差以及細胞內物體遠離細胞邊界的運動情況，把巨觀的物理規律擴充到細胞內部，提出細胞內物體運動的三定律。

(A)細胞內物體在無作用力時保持靜態或停止其原有運動。

(B)當細胞內物體的作用力和細胞質黏滯阻力平衡時，物體運動速度與作用力的大小成正比，而與物體的幾何大小成反比，運動速度方向和作用力的方向相同。

(C)細胞內物體運動時帶動細胞質流動。

　　第一定律是黏滯流體的特性，第二定律是Stokes 定律（Stokes Law），設作用於物體的力是F，物體的運動速度是v，物體幾何大小的表示因子是s，細胞質黏度是η，描述物體緩慢運動的Stokes 定律如下：

$$F=s\eta v \qquad\qquad (4\text{-}5)$$

因子s與物體的大小和形狀有關，一個半徑為a的球體$s=6\pi a$。如果作用於物體的力為恆定，則物體的運動速度為恆定，當s和v值已知時，實驗上測量物體運動速度的大小和方向，就可用公式（4-5）求出作用力的大小和方向。

假設一個物體在細胞質中以速度 v 運動，在時間 $t=0$ 時作用力停止，這個物體的運動受細胞質的黏滯阻力而減速。如果物體質量是 m，物體運動速度隨時間 t 減小的關係式是：

$$v\exp\left(-\frac{6\pi a\eta t}{m}\right) \tag{4-6}$$

物體在停止前的滑行距離等於 $\frac{mv}{6\pi a\eta}$，對於直徑為 $1\mu m$ 的球形胞器，這個距離小於 $0.001nm$，因此物體只在有作用力時進行運動，而在無作用力時運動立即停止。

胞器沿線性軌道的運動表現為胞器的平移運動。如果胞器沿軌道滾動，或沿曲率半徑很小的彎曲軌道做轉折運動，則表現為胞器繞自身軸的轉動，沒有旋轉力矩 D 作用於半徑為 a 的胞器上，胞器在細胞質中以角速度 ω 繞自身軸轉動，角速度和旋轉力矩的關係式是 $D=8\pi\eta a^3\omega$。旋轉力矩對胞器所做的功是 $D\theta$，由 ATP 分子水解提供相應的能量。

第三定律是兩相流的特性，對於神經元軸突的情況，用無窮長的直圓管作為軸突的近似模型，計算軸漿中均勻散布的球形轉運小泡，以速度 v 沿圓管的軸做同一方向的主動運動時所帶動細胞質的定常流動時，可以得到軸漿流動的平均速度 $\bar{u}$ 與小泡主動運動速度成正比：

$$\bar{u} = \frac{3\pi}{4} NaR_0^2 v \qquad\qquad (4\text{-}7)$$

上式中，N是單位體積內的小泡數目；a是小泡的半徑；R_0是直圓管的半徑。

④細胞內幾種運動

現在討論細胞內胞器運動、物質轉運、細胞有絲分裂等幾種主動運動。

(A)關於花粉管內胞器和胞質顆粒的運動

已知胞器和胞質顆粒沿著花粉管內纖絲做長距離的運輸，有流向花粉管頂端的正向顆粒運動，還有流向花粉粒的反向顆粒運動，標準的顆粒運動速度是 $1\mu m/s$。花粉管內各個顆粒的運動是彼此獨立的，只有和纖絲連接的顆粒才能進行定向運動。花粉管內這種各自獨立的、雙向的顆粒運動只能用顆粒的主動運動來解釋。

(B)關於神經元軸漿轉運

已知軸漿轉運物質多呈小泡形式，它們由ATP 分子水解提供能量而轉運，轉運的載體是沿軸突縱向排列的微管，離細胞體順向轉運的分子馬達是驅動蛋白，向胞體逆向轉運的分子馬達是胞質動力蛋白，決定轉運方向的是微管內在極性和這兩種分子馬達的驅動方向。順向轉運速度的標準值是 $5\mu m/s$。大於逆向轉運速度，這是由於不同種類分子馬達的驅動功率不同所致：驅動蛋白的驅動功率大於動力蛋白的

驅動功率，研究者指出，在小泡快轉運的同時，它們在細胞質中的主動運動必定會透過相互作用帶動細胞質做緩慢流動，即快轉運必定會伴隨發生軸漿的慢轉運。

(C)關於有絲分裂染色體的運動

已知有絲分裂紡錘體中除極間纖絲外，還有連接染色體著絲點（kinetochore）和紡錘體極的纖絲（簡稱染色體纖絲）。在有絲分裂後期，子染色體朝紡錘體的極運動，標準的速度是 0.01 μm/s。研究者認為，染色體纖絲為染色體運動提供軌道，同時還可帶著連接的染色體一起運動，在有絲分裂中，染色體著絲點馬達和紡錘體中央區馬達有著重要的作用，分子馬達的驅動力由馬達種類決定，而與染色體纖絲的長度無關。

上面介紹的主動運動四要素和三定律可能不僅對在細胞內部發生的主動運動有效，細胞間物質的主動運動可能也是遵循這些原理原則，所以對它們進行實驗和理論研究是很有意義的。

4.1.3 分子馬達的研究與應用前景

4.1.3.1 分子馬達的研究可以推動科學技術的發展

最近 10 年，世界上對分子馬達的研究是非常熱門的，截止到 2002 年 12 月，以 Molecular Motor 為關鍵詞從

Elsevier Science網站上搜索到 700 多篇文章。其中，以美國和日本的研究最多，其次是歐洲的幾個國家。對於分子馬達的研究，擁有巧妙且先進的觀測手段是非常重要的，綜觀取得重大研究成果的幾個實驗室，都是利用了很巧妙的觀測手段，如單分子螢光、雷射陷阱等等。另外就是要有比較扎實的分子生物學、生物化學等的背景知識和技能。如果要從化學的角度研究分子馬達的作用機制，與分子生物學或生物化學的專門技術人員的合作是非常必要的。

4.1.3.2　分子馬達研究在醫學上的意義

研究馬達分子的控制機制對於發現在眾多疾病狀態中基本細胞的出錯過程有著重要的意義。這些疾病包括癌症、先天性生理缺陷、耳聾、呼吸系統紊亂以及神經衰弱等。所以，了解分子馬達的運動機制是十分必要的，現在科學家正在致力於探索能夠對分子馬達的運動有促進或抑止作用的一些小分子來作為藥物設計的新思路。例如紫杉醇（Taxol）就是由於會干擾微管蛋白分子馬達的運動，而成為抗癌藥物的明星。

總之，近年來分子馬達運動的研究已取得相當大的進展。分子馬達這一研究領域確實是一個廣闊而又神奇的世界，正在日新月異地在向前發展。我們可以預期這一極具挑戰性的領域必將在新世紀推動各個學科向更深層次進行探索，成為跨世紀科研的焦點，其研究成果具有巨大的學術價值以及潛在的社會效益。

分子馬達的研究在國際上已引起極大的重視——

日、美等國在該領域已做了大量工作，而且發展很快，處於領先地位。國內的研究工作剛剛起步，應當給予足夠的重視，多做工作，迎頭趕上。

4.2 奈米生物機器人

奈米技術與分子生物學的結合將開創分子仿生學（Biomimetics 或 Bionics）新領域。分子仿生學模仿細胞生命過程的各個環節，以分子層面上的生物學原理為參照原型，設計製造各種各樣的可對奈米空間進行操作的「功能分子元件」，即奈米生物機器人（nonametric biomolecular machine）。

4.2.1 細胞就是奈米機器

細胞本身就是一個典型的奈米機器，科學家早就意識到了這一點：細胞有一些與人工機械相類似的分子機械，細菌細胞膜上的旋轉馬達帶動著它的軸轉動，從外表看來它類似於一個發動機；另外一個由 RNA 和蛋白質的所組成的核醣體（ribosome），則如同工廠的生產線一般製造蛋白質；另外一些分子機械則在現有的巨觀機械中難以找到相似的原型；一種蛋白質——拓撲異構酶（topoisomerase），可以將纏繞在一起的雙股 DNA 解旋。這些細胞機器在細胞中的製造過程為一種高效率的大分

子合成，而且包含分子的自我組裝。

　　細胞中的每一個酶蛋白分子就是一個個活生生的奈米機器人，酶蛋白構形的變化使酶分子不同結構區域之間發出的動作就像是微型人在移動和重新安排被催化分子的原子排列順序。細胞中的所有結構單元都是執行某種功能的微型機器；核醣體是按照基因編碼的指令安排胺基酸順序製造蛋白質分子的加工器；高爾基體（Golgi apparatus）是給新製造的蛋白質分子進行加工修飾的加工廠；加工好的蛋白質可以按照信號肽鍊的指令由膜囊泡運送到確定的部位發揮功能，完成了功能使命的蛋白質還會被貼上標籤送去水解成胺基酸並重新用於新蛋白質的合成。

　　細胞的生命過程就是這樣一批又一批功能相關的蛋白質組群，不斷替換更新行使功能的過程。這些生命過程所需的一切能量來自太陽，植物葉子中的葉綠體是把太陽能轉化成化學能而製造糧食的加工廠，粒腺體是把糧食中儲存的太陽能釋放出來製造 ATP 的地方，ATP 給一切需能反應提供能量。細胞中發生的所有這些生命過程都是按照 DNA 分子中基因編碼順序的指令井然有序地進行的，基因編碼出現錯誤將導致嚴重的遺傳性疾病。奈米技術與仿生學的結合可以使生物物理學家依照生命過程的各個環節製造出用於各種各樣目的的奈米機器人。

　　細胞具有自我複製結構。它從環境中獲得建構分子，一些分子作為它能量的來源，另外一些分子被再加工成了用來製造、修理、移動和自我防禦的零件。DNA儲存著裝配和操作所必需的所有信息，一代一代地傳下

去。信使RNA（mRNA）充當了信息傳遞員的臨時角色，告訴核醣體製造哪種蛋白質。細胞膜為工作部分提供了隔間，包含控制分子進出細胞流量的入口，控制著感知細胞環境的分子。蛋白質（通常與其他分子共同作用）構成了細胞內的一切，並在必要時移動它的部件。

細胞之所以可以採取製造其自身零件的策略以複製和修復自身是基於下列兩種設計：

(1)使用單一的、概念化的直接化學過程即聚合反應，去製造大的、線形的分子。

(2)按照一定的方式製造出可自我折疊成具功能的立體結構分子。

顯然，上述過程中並不包含複雜的立體「抓取和放置」裝配過程，它僅僅把珠子（例如胺基酸）串成項鏈（多肽），並且使項鏈自我裝配成一台機器（蛋白質）。這樣，珠子順序的編碼信息變成了最終的功能立體結構。細胞中最重要的三類分子DNA、RNA和蛋白質，全都是基於上述策略而製造出來的；蛋白質隨後製造出細胞中的其他分子。在許多實際情況下，蛋白質自然的和其他分子如核酸及其他小分子，聯合起來形成更大的功能結構。作為一個製造複雜的立體結構的策略，這種在不同分子自我組裝層面上的直線合成方式，具有無與倫比的效率。

細胞在本質上是催化劑（促使化學反應發生的分子，但是它本身不會被消耗）與具其他功能的感受器、結構元素、泵和馬達的集合。細胞中的絕大多數奈米機械根本上是分子催化劑。這些催化劑執行細胞的大多數

工作。它們製造脂類（例如脂肪），脂類依次自我聚集成圍繞細胞的薄層；它們製造自我複製所必需的分子組件；它們產生細胞所需的能量，並控制它的能量消耗。它們建立檔案和工作紀錄；它們透過適當的操作參數修復內環境。

在這些細胞「傭傭」的不可思議的分子機械中，存在四座寶藏：

(1)核醣體是由核醣體 RNA（即 rRNA）與蛋白質所構成，它位於信息和操作結合的關鍵點，即在核酸和蛋白質之間。它是一個格外複雜的機械，從 mRNA 得到信息用以製造蛋白質。

(2)葉綠體（chloroplast）存在於植物細胞和藻類中，它擁有複雜的結構，內含作為光學天線的分子陣列，它收集來自陽光的光子，把它們轉化成為可以儲存在細胞內部供許多操作使用的化學「燃料」。

(3)粒腺體（mitochondria）是發電廠，它進行有機分子燃燒，這些分子（通常是葡萄糖）存在於細胞內並且為系統產生能量。與（發電機）驅動導線中的電子以使電動機運轉不同的是，它產生 ATP 分子，ATP 分子透過擴散作用運動到細胞的各個部位。

(4)鞭毛（flagella）馬達是目前已知的世界上最小的一種生物馬達。它是一個高度結構化的蛋白質集合體，被固定在許多細菌的細胞膜上。它能像螺旋槳那樣旋轉驅動鞭毛旋轉。此馬達通常由 10 種以上的蛋白質群體組成，其構造如同人工馬達，由相當的定子、轉子、軸承、萬向接頭等組成。它的直徑只

有 30nm，轉速可以高達 15000r/min，可在 $1\mu s$ 內進行右轉或左轉的相互切換。鞭毛與電動機主要的不同點在於：鞭毛馬達不透過電流產生磁場而運動，而是使用 ATP 的分解導致分子形狀的變化（它們包含了精巧的分子齒輪結構），進而驅動蛋白質軸轉動。

4.2.2 形形色色的奈米生物機器人

從奈米生物機器人的發展歷史可以看出，奈米醫療機器人目前幾乎成了「奈米生物機器人」的代名詞。奈米醫療機器人即是可以在細胞內或血液中對奈米空間進行操作的「功能分子元件」，在生物醫學工程中可充當微型醫生，解決傳統醫生難以解決的問題。這種奈米機器人可注入人體血管內、成為血管中運作的分子機器人。這些分子機器人從溶解在血液中的葡萄糖和氧氣中獲得能量，並按醫生透過外界信號編製好的程序探示它們碰到的任何物體。分子機器人可以進行全身健康檢查，疏通腦血管中的血栓，清除心臟動脈脂肪沉積物，吞噬病菌，殺死癌細胞，監視體內的病變等，這必然給現代醫學的診斷和治療帶來一場深刻的革命。在現代醫學中 X 線透視和血管造影、CT、核磁共振成像等等，是診斷疾病必不可少的手段，如利用奈米機器人對疾病的診斷和治療則能同時完成。奈米機器人還可以用來進行人體器官修復工作，如修復損壞的器官和組織、做整容手術，進行基因裝配工作，即從基因中除去有害的 DNA 或把正常的 DNA 安裝在基因中，使有機體正常運行，或

使引起癌症的DNA突變發生逆轉而延長人的壽命或使人返老還童。奈米機器人透過修復大腦和其他臟器的凍傷而使低溫保存的人復活。這對那些由於意外事故、先天缺陷、疾病、戰爭和有機體老化等因素產生的功能障礙或殘疾的人，恢復原有功能，實現生活自理，回歸社會，提高殘疾人和老年人的生活品質，意義重大。

　　奈米醫療機器人形式多種多樣，介紹如下。

4.2.2.1　模擬酶機器人

　　酶是生物催化劑，生命過程的每一個化學反應都有一個相應的酶進行催化，所以生命現象就是成千上萬個在功能上有相互協調關係的酶分子井然有序地表現催化功能的結果。生物體所含的酶可歸納為氧化還原酶、轉移酶、水解酶、裂解酶、異構酶、合成酶等六大類，它們催化的生物化學反應幾乎涵蓋了自然界所有的化學反應類型。事實上，細胞本身就是一個活生生的奈米機器，細胞中的每一個酶分子也就是一個個活生的奈米機器人。因此，模擬酶分子製造奈米機器人用於淨化環境和對工業化學反應進行催化是一個巨大的潛在生產力。生物化學家發現，酶分子的活性只與少數幾個化學團基在空間上配置而組成的活性中心有關，所以很早化學家就已經開始模仿酶活性中心的結構研製「模擬酶」。生物化學家又發現酶活性中心的「柔性」是酶分子表現活性所必須的，也就是說，有活性中心團基的空間配置是必須條件但不是充分條件，組成酶活性中心的各個團基必須做相對運動才能表現活性。這意味著「模擬酶」所

模擬的活性中心團基必須動起來才有可能出現模擬的活性，出現了模擬活性的「模擬酶」就是典型的奈米機器人，這將是 21 世紀分子仿生學研究的重要內容之一。

4.2.2.2 「生物導彈」機器人

「生物導彈」的設計也是一個典型的分子仿生學應用範例。生物導彈模仿膜囊泡轉運蛋白質的功能，它把不能解析好壞細胞的抗癌藥物包裹在脂微囊中，並在微囊表面植入一種專門與癌細胞結合的標記分子。如此設計的生物導彈，就是在血液中或細胞間隙游走的奈米機器人，以便專門清除血管壁上沉積物，減少心血管疾病的發病率；它一旦遇到癌細胞就會抓住不放並鑽入細胞中釋放抗癌藥物殺死癌細胞。

瑞典正在製造的微型醫用機器人，是由多層聚合物和黃金製成，外形類似人的手臂，其肘部和腕部很靈活，有 2～4 個手指，實驗已進入能讓機器人撿起和移動肉眼看不見的玻璃珠的階段。科學家希望這種微型醫用機器人能在血液、尿液和細胞介質中工作，捕捉和移動單個細胞，成為微型手術器械。

美國麻省理工學院的科學家們試圖透過縮小醫學設計的尺寸，它的核心是一個能夠定時釋放藥物的微晶片，美國麻省理工學院邁克‧希瑪博士稱「我們的目的是製造非常小的、能夠準確釋放很小劑量的藥品的設備」。實質上它是放在晶片上的藥物，但是它可以被植入到人的身體裡並施放整個療程需要的藥物。這些微小的醫用奈米機器人可以被醫生用來放入病人體內尋找病

症的所在。紐約大學的一個實驗室最近也研製成功了一個高級奈米機器人，研究人員認為，將來，奈米機器人可邀遊於人體微觀世界，隨時清除人體中的一切有害物質，活化細胞能量，使人不僅僅保持健康，而且延長壽命。

4.2.2.3　模仿粒腺體機器人

生物能力學（Bioenergetics）是研究生物能量轉化功能的一門學科。簡單的說，生物能力學就是研究植物如何把太陽的能量儲存在糧食中而動物又如何把食物中的太陽能取出來為自己使用的一門學科。葉綠體是利用太陽能製造糧食的分子機器，模仿葉綠體製造的奈米機器人將可能直接利用太陽能製造食物而創造新概念農業。動物細胞中也有一部分類似的機器叫做粒腺體，它是從食物中提取太陽能的能手。模仿粒腺體製造的奈米機器人將可能為醫學的發展做出重要貢獻。因為人們已經發現粒腺體與衰老、運動疲勞以及很多與衰老相伴而生的疾病如糖尿病、帕金森氏病等有很重要的關係。

4.2.2.4　基因修復機器人

分子病理學的研究將揭示疑難雜症的分子基礎，很多疑難雜症都是和某種酶分子的缺陷或酶分子的活性表現受阻有關。這些疾病常具有家族遺傳性，可以在基因層面上找到其相應的基因編碼突變或者在基因表現調控層面上找到阻礙酶分子表現活性的原因。生物晶片技術的快速發展將為這些疾病的快速準確診斷提供有效的工

具，但如何修復這些病變分子就要看能否根據分子病理學的原理設計出可以在奈米空間識別出基因突變和修復突變基因的奈米機器人了。

4.2.2.5 「分子伴侶」機器人

在細胞中存在著一類被稱作「分子伴侶」（chaperon）的生物大分子，它們幫助新合成的蛋白分子形成正確的結構而表現蛋白活性。「分子伴侶」一詞本身就具有仿生的意味，如果模仿「分子伴侶」製造一些奈米機器人用在製藥工業上，解決包含體蛋白恢復活性的問題，應當是非常卓越的分子仿生學成果。

4.2.3 技術上的瓶頸與挑戰

當物體大小達到奈米級時，常規的加工技術就沒有了用武之地。怎麼辦？奈米技術研究者採用了蓋房子的方法。將掃描隧道顯微鏡的極其尖銳的金屬探針，向材料表面不斷逼近，當距離達到 1 奈米時，施加適當電壓產生電流，這時探針尖端便吸引材料的一個原子過來，然後將探針移至預定位置，去除電壓，原子會從探針上脫落。如此反復進行，最後便按設計要求堆砌出各種微型構件，整個過程就像是用磚頭蓋房子一樣。

奈米技術的核心是奈米機電技術。奈米機電技術並不是把所有的東西都做小那麼簡單。新的物理特性使奈米元件非常堅固耐用。同時非常可靠。一般奈米元件振動 2000 萬次，也絲毫不會損壞。近 10 多年來，科學家

們成功地製出了奈米齒輪、奈米彈簧、奈米噴嘴、奈米軸承等微型零件，並且發明了奈米發動機，它的直徑只有 $200\mu m$，一滴油可以灌滿 $40\sim50$ 個這種發動機。而且，奈米級的感測器、奈米級執行器也相繼製成。如果加上電路和出口，就能組成完整的奈米機電系統了。

　　第一個真正的奈米機器人才在過去幾年中被研製出來，並且還只是實驗性質的。目前還有一些難題（如摩擦和黏性）困擾著帶有活動部分的奈米元件的裝配。因為微型元件比表面積更大，表面效應變得比巨觀元件更加顯著和重要。毫無疑問，科學界將會發展出更複雜的奈米機械以及類似人類尺度機械的奈米機械模型，但是肯定還要有很長的一段路要走。

　　另一個問題更加棘手。哪裡可以找到供奈米機械使用的動力？沒有奈米大小的電源插座。細胞使用特定的化合物進行化學反應提供動力；奈米大小的機械相對應的策略則尚待發展。能夠自我複製的奈米機械如何儲存和使用資訊？生物的策略是基於DNA，它運行得很好，然而如果想使用一個不同的策略，科學界就不清楚如何入手了。

　　「抓取和放置」鉗子和裝配工能夠透過一個一個的放置原子以合成物質和建造任何結構。然而，在化學家來看，裝配工似乎行不通，這要考慮兩個制約條件。

　　第一個是鉗子，或者叫做裝配工的爪子。如果它們能夠靈巧的抓取原子，那麼它們就要比原子還小。但是爪子只能是用原子構成的，而且要比它們「抓取和放置」的原子還要大。第二個是原子的特性。當從某處拿

走一個原子的時候需要提供能量，而把它安放的時候又會放出能量（冷卻問題）。一個碳原子幾乎能與任何東西結合。很難想像什麼樣的裝配鉗子可以從原料中取出原子而又不會被黏住。

儘管如此，研究者們仍然對奈米機器人的成功研製充滿信心，並且對奈米機器人的未來發展作了如下的定位。

第一代奈米生物機器人是生物系統和機械系統的有機結合體，如酶和奈米齒輪的結合體。這種奈米機器人可注入人體血管內，成為血管中運作的分子機器人。這些分子機器人從溶解在血液中的葡萄糖和氧氣中獲得能量，並按編製好的程序探示它們碰到的任何物體。分子機器人可以進行全身健康檢查，疏通腦血管中的血栓，清除心臟動脈脂肪沉積物，吞噬病菌，殺死癌細胞，監視體內的病變等。

第二代奈米生物機器人是直接從原子或分子裝配成具有特定功能的奈米大小的分子裝置。

第三代奈米機器人將包含有奈米電腦。這是一種可以進行人機對話的裝置，一旦研製成功，有可能在 1s 內完成數 10 億次操作，人類的勞動方式將產生徹底的改變。

分子探針和奈米生物感測器

5

5.1　奈米探針

　　奈米探針是探測單個活細胞生物特性的奈米感測器，探頭尺寸僅可用奈米計量。Vo-Dinh等研製出了一種奈米探針，它是一支直徑 50nm、外面包銀的光纖，傳導一束氦－鎘雷射，用於探知可能會導致腫瘤的早期DNA損傷。苯並吡〔benzo(a)pyrene, BaP〕是城市污染空氣中普遍存在的一種致癌物質，細胞攝取 BaP 後，BaP 和細

胞DNA的代謝反應形成一種可水解的BPT（benzo(a)pyrene
tetrol）加成物，它可作為因暴露於BaP而產生DNA損傷
的生物標記，即腫瘤早期診斷的靶標。將奈米探針的尖
部黏附上可識別和結合 BPT 的單株抗體，插入單個細
胞，進行抗原抗體反應，5min後即可進行螢光檢測，一
束 325nm 波長的雷射激發抗體和BPT所形成的分子複合
物產生螢光，螢光進入探針光纖後，被光探測器接收。
如將探針尖部黏附上不同的檢測成分，可以用於探測不
同的細胞化學物質，可以進行單個細胞生活狀況的原位
檢測。此感測器還可以用於探測基因表現、靶細胞蛋白
合成以及藥物的微量篩選，即可用來確定何種藥物能夠
最有效地阻止細胞內致病蛋白的活動。

5.1.1 生物探針

有些研究者正設計能以更加複雜的方式與生物分子
相作用的奈米裝置，例如：奈米製造業需要設計出比現
在所用的靈敏得多的控制生物試驗的探針。一種方法是
用半導體的奈米晶體或量子點代替當前所用的有機色素
標記生物分子的辦法。有機色素在化學上是不穩定的，
因而隨著時間慢慢消失，而且用色素標記不同種類的分
子在測量時難度較大，因為每一不同的色素必須經過不
同特定波長的光照射後才能反射足夠的光進行探測。

量子點奈米晶體（Quantum Dot Nanocrystals, QDNs）
能解決這些問題。這些直徑只有5～10nm 的晶體由3種
成分組成，它們的中心含有類似鎘和硒的兩串原子，這

兩串原子連接起來會形成一種半導體，在紫外光的激發下這個半導體發射特定顏色的光。這些原子串周圍環繞著一層無機物。以保護原子串。整個 QDNs 外面包覆一層有機物表面，可以吸附蛋白質或DNA分子。透過改變中心的原子數，QDNs 能發出不同顏色的光。即使用一個奈米晶體標記，蛋白質也能正常地與其他分子起反應，因此將含有這種標記蛋白質的細胞放在紫外光下，透過顯微鏡可以找到被標記蛋白質的位置，追蹤它們在細胞內的活動。加利福尼亞的量子點公司的 Witch Gave 說：採用奈米晶體標記有可能同時跟蹤 5～10 種標記物。

另外一種可能用來標記細胞內物質的樹枝狀分子 dendrimer，大小為 2～20nm。這種物質有許多分枝，分枝的頂端被修飾後能攜帶具有反應能力的化學基，或被連接到抗體、DNA片段、金屬原子上，而且這些樹枝狀奈米分子擅長於改變它們在細胞膜內的路線。

在 2001 年 12 月的自然生物技術（Nature Biotechnology）期刊上，巴爾的摩的約翰·霍普金斯大學的 Jeff Bulte和他的同事們發表文章說，被磁化標記的樹枝狀奈米分子可以用來跟蹤被移植到活鼠腦內的幹細胞。Bulte 博士和他們的小組合成連有氧化鐵分子的dendrimers，並將它們放進含有由幹細胞培養出的腦細胞的培養液中，這一磁化的 dendrimers 被腦細胞吸收，接著將它們注射進老鼠的腦內。運用核磁共振成像來探測 dendrimers 中的氧化鐵，研究者能夠追蹤被移植細胞的位置進而觀察到它們何時生成大腦中的新組織。研究人員正在利用奈米生物學的思想來開發藥物，這種藥物專門作用於帶病

組織，而 dendrimers 特別適合於這個目的。

如果將 dendrimers 加以修飾使其攜帶五個化學功能基，它將成為一種複雜的抗癌藥物。第一個分支擁有一個可作用於癌細胞中受體分子的分子，第二個分支擁有一個遇到與癌相關的基因變異就會發出螢光的分子，第三個分支含有能夠容易被 X 射線探測的金屬原子或其他物質，以顯示腫瘤的形狀；第四個分支攜帶一種可以依需要釋放的藥物分子，而且第四個分支還含有只遇到死亡的癌細胞才會釋放的信號分子，Baker 博士已經在實驗中生成一種 7nm 的 dendrimers，它攜帶上述所有要素。在培養的細胞中，帶有適當受體和致癌基因變異的細胞吸收了這些 dendrimers 之後立刻被毒死；而不含這種受體的細胞不受影響。現在該實驗室又在試圖驗證 dendrimers 是否對活體動物有相同的作用。

類似技術最終可使巴克球（buckyball，如 C-60，是由 60 個碳分子所形成、直徑僅數奈米的足球狀小分子）產生一種新的用途。目前最有前途的愛滋病藥物，就是由兩邊黏帶 dendrimers 的 C-60 組成。由於 dendrimers 是水溶性物質，整個複合物能溶入生物溶液中，而只有 C-60 是不能溶解的。Wilson 博士和他的研究組已經發現，這一複合物能找到稱作逆轉錄酶的病毒性酶的活性部位，這種酶對 HIV 的生命週期至關重要，因為它將病毒的遺傳物質反轉錄成 DNA，而宿主細胞卻不知情地用這種 DNA 製造更多的病毒，C-60 藥與這種酶的活性部位緊密結合，進而阻止這個過程。這與現存的蛋白酶抑制劑類抗愛滋病藥的作用方式沒有很大的區別（蛋白酶抑制劑

類透過化學方式結合到酶的活性部位來阻止酶的活性），但是作用機制卻完全不一樣，代替化學結合的是，C-60 藥形成一個針對活性部位的機械塞子，因此它對活性部位精確化學組成的敏感性較低。C-60 藥具有重要意義的原因是，HIV 對一般的蛋白質酶抑制劑易產生抗性，但對 C-60 產生抗性則困難得多，這是因為酶必須發生劇烈的改變才行，相對的，一些小變化就足以使現存化學類藥物效果全失。除了演化中發生這種劇烈變化的機會很小以外，病毒酶活性部位的較大變化亦會使病毒失去活性。

5.1.2 分子燈塔

隨著分子生物學的快速發展，新技術不斷出現。其技術應用也日益廣泛，特別是快速簡便準確地檢測基因序列已變得非常重要。新型的基因檢測探針——分子燈塔（molecular beacons）是將DNA分子雜合技術和螢光共振能量轉移原理相結合而開發出來的。分子燈塔可以對基因序列準確的檢測，操作簡便快速而且可以進行DNA檢測的即時定量。現在已廣泛地應用於 DNA 序列的測定、等位基因和點突變（point mutation）檢測等方面。

5.1.2.1　原理

分子燈塔探針（圖 5-1）是合成一條寡核苷酸鏈，其鏈由兩部分組成，一部分是能與靶基因鹼基序列互補的寡核苷酸序列，是檢測靶基因的部分，位於探針的中間部分，探針形成後構成探針的環部分；另一部分是分別

在5'端和3'端的標記螢光物質和螢光淬滅劑（quencher），5'端與 3'端有幾個互補的鹼基對存在，因此可以形成兩端反轉配對，構成探針的莖部。因此寡核苷酸鏈成環狀，由於這種特定的結構存在，使螢光劑和螢光淬滅劑相接觸，螢光劑激發出的螢光被轉移到螢光淬滅劑上，並以熱能的形式散發出去，導致螢光淬滅劑將螢光劑的螢光淬滅，因而探針的這種莖環狀結構不被破壞的話就不會產生螢光。

當把探針與靶基因、相應引子加入同一個PCR反應體系中，透過PCR循環擴增，使靶基因拷貝數增加。經過變性使靶基因打開雙鏈變成單鏈，探針的莖環狀結構也同樣被打開。探針的鹼基序列如和靶基因的鹼基序列完全互補，則經復性即可發生雜合，雜合的結果使探針的 5'端和 3'端分離，螢光淬滅劑對螢光劑的淬滅作用消失，產生螢光；但如果探針的鹼基序列如和靶基因的鹼

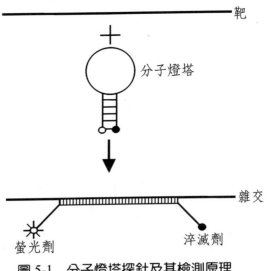

圖 5-1　分子燈塔探針及其檢測原理

基序列不能互補，則經復性，探針的莖環結構又恢復，螢光淬滅劑對螢光劑的淬滅作用依然存在，在這種情況下無螢光產生。這樣透過檢測螢光強度，就可以達到檢測 DNA 的目的。

　　分子燈塔探針的長度，可以根據需要設計不同長度的寡核苷酸鏈，其長度範圍一般在 5～110 個 bp（base pair），但大多數探針的長度為 18～30 個 bp，平均為 24 個bp。寡核苷酸鏈過長可使全長探針的濃度下降，最終影響檢測靈敏度。在探針的檢測序列的設計中應避免互補序列及多連續相同鹼基（一般不超過 6 個鹼基如 GGGGGG）的存在。

5.1.2.2　分子燈塔檢測 DNA 的特點

　　隨著分子生物學技術，尤其是PCR技術在醫學領域的廣泛應用，可對標本的核酸進行定量分析，在基因研究、基因診斷、治療效果的監測等方面起著十分重要的作用。常用的以PCR技術為基礎的核酸檢測技術，都需要 PCR 擴增後的後處理過程（如凝膠電泳、放射顯影等），十分繁瑣和費時，而分子燈塔則無需這些過程。可以透過直接檢測螢光強度而達到檢測基因的目的。這一技術與傳統的技術相比有以下特點。

　(1)這種方法使整個PCR擴增系統和檢測置於一個封閉的系統中，因而可以顯著降低各種污染，而且應用螢光檢測儀，可以定量分析 DNA。

　(2)實驗操作快速，效率高。整個檢測過程大約只需2h即可完成樣本的檢測，這與傳統的方法相比大大縮

短了實驗時間。這種方法的建立,為大規模的核酸檢測和疾病監測提供了更有效的方法。

(3)這種方法對檢測樣本的 DNA 含量要求低,靈敏度高,對同一樣本取不同的量DNA,其檢測結果都是完全一致的,所以該技術更適用於經福馬林固定和石蠟包埋的組織樣本。

(4)即時 DNA 定量分析使結果更加準確且重複性也很好。本方法檢測乳腺癌的 *myc*、*ccndI* 和 *erbB2* 基因的結果與 Southern 轉漬(Southern blot)分析方法的結果相比,在樣本DNA多拷貝情況下,結果完全一致;在樣本DNA低拷貝情況下,分子燈塔分析可以檢測到靶基因,而 Southern 轉漬分析方法則不能檢測出。

5.1.2.3 分子燈塔探針在核酸檢測中的應用

分子燈塔探針目前主要的探針標記物有以下幾種:5'-Coumarin-3'-DABCY;5'-EDANS-3'-DABCY;5'-Fluorescein-3'-DABCY;5'-Lucifer Yellow-3'-DABCY;5'-Eosin-3'-DABCY;5'-TAMRA-3'-DABCY;5'-Texas Red-3'-DABCY。

其中,DABCY [4-(4'-dimethylaminophenylazo) benzoic acid] 是一種螢光淬滅劑。它可以將各種螢光物質的螢光淬滅。

分子燈塔探針的應用主要有以下一些場合:

(1) PCR 擴增產物的定量測定

Bieche等應用該方法分析測定乳腺癌中的*myc*、*ccndI* 和 *erbB2* 基因,PCR 擴增混合液 50μL,其中含

10×TadMan 緩衝液 5μL（約 20ng 樣本 DNA）。200μL
的 dATP、dCTP、dGTP 和 400μM 的 dUTP，5mMMgCl$_2$，
1.25 單位的 Ampli Taq Gold，0.5 單位的 AmpErase uracil
N-glycosylase（UNG），200nmol/L 的引子和 100nmol/L
探針，整個反應置於 ABIPrim7700 序列檢測系統中。
在 PCR 擴增過程中測定螢光的強度。其結果與 Southern
轉漬分析相比較更加準確、靈敏和快速。應用該法
在檢測 RNA 方面，也同樣達到令人滿意的結果。

(2)基因突變的檢測

　　Piete 等應用分子燈塔進行分枝結核桿菌抗雷米
封（Rimifon）藥性的研究。透過設計一系列的分子
燈塔探針，對 52 個抗藥性的分枝結核桿菌樣本和 23
株藥敏感的分枝結核桿菌樣本進行分析。將分子燈
塔加入不同的 PCR 擴增體系中，然後檢測螢光強
度，如果探針與靶基因序列完全互補，則可以雜合
致使螢光劑與螢光淬滅劑分離，進而使探針產生螢
光；如果探針與靶基因序列不完全互補，甚至是一
個鹼基的錯配都不能使探針與靶基因的穩定結合，
探針就不能發出螢光，其專一性和靈敏度都很高。
究其原因主要是因為這種探針在 5'端和 3'端的互補
序列存在。分子燈塔探針成功的檢測了結核桿菌 *rpob*
基因 81 個鹼基的核心區，檢測出點突變、基因片段
的插入與丟失。抗雷米封的分枝結核桿菌 *rpob* 基因
所存在的突變有 96% 被檢測出，而且完成 75 個樣本
只需 3h。Giesendorf 等應用分子燈塔檢測 meth-
ylenetetrahydrolate reductase 基因的 C-T 點突變，分

析 45 個樣本，結果為 8 個突變同型合子、17 個異型合子和 20 個野生型同型合子。此結果與傳統的 PCR 擴增後，用限制性酶切凝膠電泳的結果完全一致。Tyagi 等採用多個不同顏色螢光劑標記的分子燈塔探針加入同一個 PCR 擴增體系中，透過檢測不同波長的螢光強度，可以達到同時檢測多個點突變的目的。

⑶等位基因突變的可視檢測

分子燈塔探針與 ABI7700 序列檢測系統相結合，可以使 DNA 的分析進行即時定量。但 ABI7700 序列檢測系統是一種新近發展的檢測系統，價格較為昂貴，因此在大多數發展中國家還沒有。這就使分子燈塔探針的應用在一定程度上受到限制。但分子燈塔探針還可以用於可視檢測。用不同顏色的螢光劑標記的探針分別加入不同的 PCR 反應系統中，在 PCR 擴增的終點，將擴增管取出，然後用適宜的激發光照射。如果分子燈塔探針與靶基因的鹼基完全互補，則可以看到標記探針螢光劑的顏色，而沒有完全互補的鹼基序列則看不到螢光的顏色、這樣根據顏色的有無或顏色的不同，可以達到分析核酸的目的，Piatek 等設計 *rpob* 基因野生型分子燈塔探針用 tetramethyrhodamine（一種紅色螢光劑）標記：突變型用螢光素（一種綠色螢光劑）。在 PCR 擴增的終點，用適宜的激發光照射，可以看到野生型管發出強烈的紅色光而突變型管則沒有；同樣在突變型管可以看到強烈的綠光而野生型管則看不到。陰性對照則看不到任何螢光。說明在沒有即時 PCR 螢光

檢測系統時，仍可以用於分析DNA。這就大大的拓
寬了分子燈塔探針的應用範圍，而且用於人群大規
模的分析方面具有其他檢測方法無法比擬的優勢。

　　分子燈塔探針巧妙的利用 5'端和 3'端分別標記
螢光劑和螢光淬滅劑並且在 5'端和 3'端設計幾個互
補的鹼基，使其形成莖環結構。進而大大提高了探
針的靈敏度和專一性，近年來與 ABI7700 序列檢測
系統的結合，使其檢測可以對DNA進行靈敏的定量
分析。由於其將PCR擴增體系與探針雜合和檢測置
於同一個封閉的反應體系中，不需要擴增後的處理
過程，因而使核酸的分析更快速、準確。這種分析
核酸的方法既可以用於 DNA 分析又可以用於 RNA
分析；而且該探針在沒有螢光PCR檢測系統的情況
下，仍可以用擴增終點檢測螢光強度或可視直接分
析DNA。這與其他方法相比有明顯的、不可替代的
優勢。因此分子燈塔探針在核酸的檢測應用中，無
論是科學研究還是臨床診斷或大規模的分子流行病
學的調查，都有廣闊的應用前景。

5.1.3 　活細胞的分子探針──綠色螢光蛋白

　　隨著對基因的表現調控、蛋白質在活細胞自然狀態
下的變化等重要問題研究的深入，科學家迫切需要一種
操作簡便、不用加外源受質，就能在活細胞中檢測的分
子探針。來自水母（*Aequorea victoria*）的綠色螢光蛋白
（green fluorescent protein, GFP）及其突變體能在多種細胞

中表現，可以作為一種獨特的分子探針，用於追蹤研究活細胞及其胞器內所發生的動力學過程。GFP 的發現給細胞分析科學帶來了方法學上的革命。

5.1.3.1　綠色螢光蛋白在細胞分析中的應用

GFP 和 GFP 突變體是一種理想的螢光標記物，已被廣泛應用於基因轉染和表現、病毒感染和致病機制研究、蛋白質定位和蛋白質動力學研究、蛋白質定量分析、蛋白質運輸、螢光共振能量轉移、光漂白、螢光關聯譜學、細胞分類選擇和細胞株分析等。

⑴基因轉染和表現研究

GFP 用做報告基因（report gene），在基因轉染和表現研究方面有非常廣泛的用途。不用打碎細胞和外加反應受質，透過螢光顯微鏡就能顯示目的基因在細胞中的表現情況；並可透過螢光激活細胞分類器（fluorescence activated cell sorter, FACS）選擇螢光信號強的表現 GFP 的細胞，然後單株擴大培養。透過這種方法挑選穩定表現的細胞株，簡單快捷。表現 GFP 的逆轉錄病毒轉染已成為研究基因治療中正常細胞和腫瘤細胞變化的重要工具，Levy 用含紅移 GFP 基因的逆轉錄病毒載體轉染人腫瘤細胞和小鼠成纖維細胞，數天後經螢光顯微鏡和 FACS 分析就可檢測到 GFP 穩定的綠色螢光。

⑵病毒感染和致病機制研究

用含 GFP 的病毒載體可直接追蹤研究病毒感染和致病機制，而不需對細胞進行處理以檢測感染細

胞。Dorsky 用 GFP 標記 HIV-1 檢測組織中 HIV-1 感
染細胞，透過螢光顯微鏡和 FACS 分析能檢測到病
毒感染細胞中HIV-1 LTR啟動子控制下的GFP的表現。

⑶流式細胞儀（flow cytometry）分析

GFP 可以作為一種細胞轉化指示劑，用於轉型
細胞的正負篩選。利用流式細胞儀分離表現 GFP 的
細胞，可免去利用標準生化方法進行細胞分析的煩
瑣工作。Anderson利用多參數流式細胞儀，採用GFP
和紅移 GFP 突變體對單一細胞中兩種不同的基因進
行了定量分析。

⑷蛋白質定位分析

GFP 用於研究蛋白質在細胞內的定位及蛋白質
動力學具有較大的優越性，因為其可避免蛋白質提
純、螢光染料標記、顯微注射導入細胞的複雜預處
理過程，這些細胞預處理過程中會產生破壞抗原、
抗原重新分布、不同細胞結構導致標記效率差異等
問題。採用 GFP 連接蛋白，上述問題就會迎刃而
解。因為GFP不會干擾標記蛋白的正常功能，而且
GFP 可以任意加到目標蛋白的 C-或 N-末端，GFP 螢
光團在成像過程中，光穩定性好，無光損傷發生；
因而，可在活細胞自然狀態下對目標蛋白進行觀察。
Lee 用 GFP 融合體研究了 VHI 腫瘤抑制基因在細胞
內的定位。

⑸蛋白質定量分析

GFP 除了提供一種活細胞內蛋白定位的簡單方
法外，還可對蛋白質進行準確定量分析。例如，將

GFP結合到蛋白質上，進行免疫轉漬（immunoblot）分析，可對蛋白質進行簡單快捷的定量篩選。細胞內表現的GFP濃度可採用靈敏照相系統（例如冷卻CCD照相）透過與已知標準螢光素的螢光強度相比較而獲得。在哺乳動物細胞研究中，通常採用S65T-GFP突變體，S65T-GFP突變體的吸收係數和螢光量子產率分別為 $39200L \cdot mol^{-1} \cdot cm^{-1}$ 和 0.68，而螢光素分別為 $75000L \cdot mol^{-1} \cdot cm^{-1}$ 和 0.71，螢光素標記分子的螢光強度是相同數量 GFP 連接蛋白的兩倍多。Terasaki 採用這種方法定量分析了單個卵母細胞中GFP-KDEL蛋白和GFP-KDEL蛋白的合成速率；透過微注射已知濃度的螢光葡聚醣作為標準物，計算出單個卵母細胞每分鐘合成 2.2×10^6 個GFP-KDEL分子。

(6)螢光共振能量轉移

螢光共振能量轉移（fluorescence resonance energy transfer, FRET）是指激發態的螢光分子透過偶極作用把激發態能量轉移給吸收分子，可測定位於奈米範圍內的兩個螢光團之間的質子能量轉移。FRET的工作範圍一般小於或等於10nm。不同GFP突變體的發現使利用 FRET 研究活體內蛋白質分子內或分子之間的距離成為可能。Heim 和 Tsien 將 GFP 突變體Y66H-Y145F 和 S65C 連接到同一蛋白質上，Y66H-Y145F作為供體，S65C作為受體，兩者間隔25個胺基酸殘基，進行 FRET 實驗。間隔的蛋白解離導致兩個蛋白結構域的擴散，引起受體S65C結構域綠色螢光消失，供體Y66H-Y145F結構域藍色螢光增強。

將 FRET 和 GFP 連接蛋白相結合可用來研究活細胞內蛋白質的空間分布和蛋白質分子之間的相互作用。

(7)延時成像

延時成像（time-lapse imagine）是長時間採集活細胞的圖像，最簡單的方法是在螢光顯微鏡上連接一個數位相機，每隔一定時間採集圖像，該方法的缺點是長時間光照容易漂白螢光團，降低螢光信號。在光源和顯微鏡之間設置一光閘，不採集圖像信號時關閉光閘，就可以降低光照對螢光團的漂白。在延時成像中，常用的圖像採集系統包括增強視頻照相、電感偶合元件（charge coupled device, CCD）照相和共聚焦雷射掃描顯微鏡（Confocal Laser Scanning Microscope, CLSM）。

以前研究細胞內蛋白質動力學及其對藥物處理、溫度變化和微注射抗體的反應，常採用大量細胞的靜態成像，活細胞的瞬間動態成像非常困難。然而，GFP 使我們適時觀察單個活細胞內蛋白質的動力學成為可能。Kaether和Gerdes將分泌蛋白Chromogranin B 與 GFP 相連，用於研究 GFP-Chromogranin B 從高爾基體到細胞質膜的運輸過程。當細胞在 20℃ 培育數小時後，可看到大量 GFP-Chromogranin B 聚集在反式高爾基體網狀結構（trans-Golgi network, TGN）；當溫度升到 37℃ 時，可看到 GFP-Chromogranin B 聚集體向細胞表面快速移動。從這一重新分布的延時成像可清楚地看到運輸中間體的存在，這些中間體以最大時速 $1\mu m/s$ 沿著微管到細胞膜，並且來回移

動。20～30min 內，GFP-Chromogranin B 從 TGN 釋放到胞外。

(8)雙標記－比例成像

用不同激發波長的 GFP 突變體對蛋白質進行雙標記，可同時研究細胞內兩種不同蛋白質的分布和動力學特徵。在該方法中，激發光譜或發射光譜不同的 GFP 突變體連接蛋白後，轉染細胞，採用不同的濾光裝置對細胞成像，然後運用數字圖像處理技術對圖像進行處理，比較兩種突變體的螢光強度比隨時間的變化。這種雙標記－比例成像（double labeling-ratioi maging）技術已被標準化，並應用於羅丹明（rhodamine）和螢光素雙標記的核內體系統，也為 GFP 突變體的應用開闊了廣闊的發展前景。

(9)光漂白後螢光恢復

GFP 連接蛋白在細胞內的運動及其運動區域可用光漂白後螢光恢復（fluorescence recovery after photo-bleaching, FRAP）實驗來研究。GFP 是 FRAP 實驗的理想探針，因其不會發生光損傷和光誘導 GFP 連接蛋白的交聯現象。而且，GFP 連接蛋白是內源性蛋白，不需使用滲透或微注射技術來標記細胞內位置，就可進行光漂白實驗。在進行光漂白實驗時，首先使用強螢光照射，使小區域（約 $2\mu m$）的螢光蛋白發生不可逆漂白，然後用弱螢光檢測光漂白區域的螢光恢復過程。這種光漂白恢復現象是由於光漂白的螢光分子和未發生光漂白的螢光分子之間的擴散交流造成的。根據光漂白區域的螢光恢復速率可計

算出螢光分子的擴散係數 D，也可計算出參與螢光恢復的標記蛋白量。這種技術可用於追蹤細胞內螢光蛋白在小塊膜區域的側向運動。Ellenberg用FRAP技術研究了GFP連接核纖層B受體（lamin B receptor，一種核內膜蛋白）在細胞分裂間期和有絲分裂期的擴散運動，發現細胞分裂間期核纖層B受體在核內膜固定不動，而有絲分裂期時在內質網膜處於高速運動狀態。

　　光漂白螢光損失實驗（fluorescence loss in photobleaching, FLIP）可用於研究周邊區域對光漂白區域螢光恢復的貢獻。在該方法中，光漂白區域被多次光漂白，並隨時追蹤周邊區域的螢光損失，直到周邊區域檢測不到螢光，發生螢光損失的周邊區域就是GFP連接蛋白的擴散區域範圍。FLIP可用來研究細胞內區域的連續性程度，提供了一種準確測定細胞內區域邊界的方法。Cole利用GFP連接高爾基體膜蛋白透過FRAP和FLIP實驗證實了高爾基體膜蛋白〔包括半乳糖轉移酶、甘露糖苷酶H和KDEL（Lys-Asp-Glu-Leu）受體〕在高爾基體膜內做快速側向擴散運動，而不是固定不動的。

⑽螢光關聯譜學

　　螢光關聯譜學（fluorescence correlation spectroscopy, FCS）是一種同單分子探測技術密切相關的信號處理方法，它利用微區內發光分子的螢光強弱的變化獲得有關螢光分子濃度、螢光分子擴散速度等資料，分析出影響螢光強弱變化的物理機制。FCS 能

夠在幾百奈秒到幾百毫秒的時間範圍內機動的跟蹤蛋白質的折疊過程，而且在平衡溶液中並不需要外界擾動來提供瞬間觸發以獲得瞬態反應，雙色互相關 FCS 已應用於酶動力學研究領域。將 GFP 與 FCS 及雙光子激發技術（雙光子激發螢光具有受 Raman 散射和 Rayleigh 散射影響小，對生物組織穿透深度深，可激發並成像，活細胞中原本處於紫外波段的螢光體等特點）相結合可進行活細胞內部蛋白質擴散係數的測量。

5.1.3.2　結語

GFP 和 GFP 突變體作為理想的螢光標記物，已成為研究哺乳動物細胞動力學過程的強有力工具，已被廣泛應用於細胞內蛋白質的定位、功能和運動，以及基因表現和細胞分化等研究工作上。延時成像、FPET、FRAP、FLIP、FCS 和雙標記等 GFP 實驗技術的應用可望為我們揭開細胞內蛋白質的分布和運動之秘。GFP 在細胞分析中的應用前景有賴於 GFP 表現的改良、具有新光譜特性的 GFP 突變體的發現和對 GFP 連接蛋白性質的深入研究。顯微成像系統的發展在 GFP 的應用中有著舉足輕重的作用，靈敏快捷的照相系統和卓越的數據資料分析軟體的研製以及新的顯微技術（例如雙光子雷射掃描顯微鏡可利用雙光子激發，完成掃描立體成像，可以在無任何損傷的情況下，對活細胞做光切片）。這些發展為 GFP 在細胞分析中的應用開闢了誘人的發展前景。

5.2　掃描探針顯微鏡

　　奈米技術與掃描探針顯微鏡（scanning probe micro-scopes, SPMs）的結合，使科學家具有了觀察、製造原子層面物質結構的能力，為生物醫學工作者提供了直接在次細胞層面或分子層面研究生命現象的應用工具。掃描探針顯微鏡是指利用掃描探針的顯微技術，常用的有掃描隧道顯微鏡（scanning tunneling microscope, STM）和原子力顯微鏡（atomic force microscope, AFM）。STM 的原理是利用電子隧道效應測量探針和樣品間微小的距離，又將探針沿樣品表面逐點掃描、因而得到樣品表面各點高低起伏的形貌。當探針和樣品表面間的距離非常近，達到一個奈米時，在它們之間施加適當電壓，就會在它們之間形成隧道電流，這就是電子隧道效應（electron tunneling effect）。這時探針尖端會吸引材料的一個原子，然後將探針移至預定位置，去除電壓，使原子從探針上脫落。如此反復進行，最後便按設計要求「堆砌」出各種微型構件。STM 觀測的樣品要有導電性，用 AFM 就沒有這種要求：AFM的原理是用探針的針尖去「觸摸」樣品表面，將探針沿表面逐點掃描，針尖隨著樣品表面的高低起伏做上下運動；用光學方法精確測量針尖這種上下運動，就可以得到樣品表面高低起伏的圖像。STM 和 AFM 在平行於樣品表面的方向上的空間解析度達到 0.1nm。已知樣品中原子間距離是 0.1nm，所以 STM 和

AFM的空間解析度已達到了解析單個原子的程度。它的時間解析度取決於要掃描的樣品範圍和像素數目，用它們測量固定觀測點時，時間解析度達到ns甚至ps，掃描一幅面積是10nm×10nm的樣品時，中等像素密度的時間解析度約是1s。顯而易見，利用STM、AFM等技術，好像使用「奈米筆」一樣，可以操縱原子分子，在奈米石版印刷術中構造複雜的圖形和結構。它們所提供的圖像可在奈米層面的解析度上展示生物分子的結構，同時具有高度的直觀性以及立體表面信息，這正是生物學家們在研究生物大分子的高級結構及其對功能的影響等問題的理想工具。正因如此，SPM從誕生之日起，就很快被有遠見的科學家們應用到生物領域。1989年，美國和中國的物理學家們得到STM的DNA雙螺旋照片；1992年，《Nanobiology》期刊的創刊，標誌著以SPM在生物學中應用為基礎的新學科——奈米生物學（nanobiology）誕生。越來越多的物理學和生物技術工作者涉足到這一嶄新的學科領域。SPM的研究對象也從最初的DNA迅速擴展到包括細胞結構、染色體、核醣體、蛋白質、膜以及DNA和蛋白質的複合物等生物學的大部分領域。發展的速度出乎人們的意料。每年有關SPM的會議中，都會有奈米尺度生物學分會，激動人心的結果不斷湧現。

SPM應用於生物技術研究時間並不長，但由於方法學的不斷創新和進步，發展十分迅速，簡單的回顧可以使我們清晰的看到 SPM 的發展前景分外誘人。最早的DNA 雙螺旋照片是將 DNA 分子沉積在高序石墨表面後用 STM 觀測得到的。這時 STM 的發展相對成熟，所以

它是首先被應用在生物結構的研究中。由於STM是在表面物理的研究基礎上發展起來的，人們當時的目的是得到原子級的解析度，所以一般儀器的掃描範圍很小，很難觀察到DNA分子的全貌，同時STM對大量的非導電生物樣品成像的研究相對比較困難。透過科學工作者的不斷努力，SPM家族中可以對非導電樣品成像的AFM成為研究生物分子結構的主力。技術的進步，使得SPM的掃描範圍不斷擴大，現在SPM的視野可從奈米到100微米的範圍，可以觀察巨分子甚至細胞的全貌。同時AFM的發展也使得它更適合研究生物樣品，最初，因為AFM探針製作技術的限制，探針不夠尖銳，使AFM解析度較低。所以初期以細胞為代表的大尺度樣品的研究進展較快，Bining 觀察到了病毒穿過細胞壁的動態過程可作為這方面成果的標竿，果蠅巨大染色體（giant chromosome, polytene chromosome）AFM圖像獲得也是其成果之一。它們對光學和電子顯微鏡的研究成果進行了補充，也提供了一種直觀、快速的研究工具。低解析度的結果當然不能滿足人們的要求。透過不懈的努力。探針的製作技術得到突破，現在由微電子技術刻出的探針的尖端的曲率半徑普遍在 20nm 以下。如果再透過電子束的加工，可得到更尖的探針（幾個nm），這使得解析度大為提高。另一方面，成像方法也獲得了長足的進步。為提高對生物分子的掃描的穩定性和解析度，也為了能夠在生理條件下研究分子的動態過程，在液體條件下進行掃描已成為普遍採用的手段。用這種方法可以使探針和樣品間的作用力減小到 0.1nN 以下的程度，有效的減弱了探針對

樣品形貌的改變，進而提高了結果的可靠性和解析度。
如 AFM 探針在丙酮中掃描沉積在雲母表面的 DNA 雙螺
旋分子鏈的表觀寬度僅為 2～3nm。

　　儀器的改進也為實驗提供了更為理想的實驗工具。
最早的 AFM 是透過接觸模式探測樣品表面的起伏。這
時，探針沿樣品表面「觸摸」，探針對樣品的作用力較
大。尤其在空氣中成像時，探針和樣品的作用力無法控
制得很小。大大影響了對生物樣品的解析度，甚至會移
動或破壞樣品。雖然在液體中掃描可以減小這種作用
力，但對實驗技巧和儀器的穩定要求很高，常常會由於
成像力的漂移帶來圖像的不穩定，於是實驗中，人們不
得不對樣品的襯底進行處理，以增加樣品在表面的固著
力。這帶來的副作用就是襯底的平整度變差，同時增加
了探針和樣品作用的複雜性。於是，人們開始探索不同
於接觸式的新方法，稱為非接觸模式。其中應用最廣的
是輕敲模式。在此模式下掃描時，探針的懸臂在它的共
振頻率附近振動，探針在每次振動中「敲擊」樣品一
下，振動幅度受到樣品表面起伏的影響而改變。這樣，
探測振動幅度的變化就可得到樣品表面結構資料。這種
方法的最大優點是消除了接觸模式中針尖掃描移動時對
樣品的橫向力，進而消除了探針對樣品的移動和破壞；
同時，又有效的降低了探針對樣品的實際作用力和作用
面積。實驗中，輕敲模式對樣品製造和實驗條件的要求
也大大降低，襯底無需處理，在空氣中也可獲得滿意的
結果。

　　最近，隨著可在液體中掃描的輕敲式AFM的問世，

科學家開始進行研究生物分子在生理條件下的動態結構，並進而討論其結構與功能的關係，例如，科學家已經完成對溶液中隨機吸附在雲母表面的DNA分子的成像工作；在丙醇中，觀測到DNA右手螺旋結構，其週期與理論模型十分接近，而鏈的寬度僅 2nm。這顯示成像的穩定性和解析度都有較大改進。另一個令人振奮的成果是STM在生物樣品研究中應用的改良。Gunckenberger等利用樣品和襯底表面吸附的水膜作為導電介質，完成了在絕緣襯底上對 DNA 分子的 STM 的成像。DNA 的表現寬度僅為 3.5nm，和實際寬度 2.5nm 已十分接近。由於STM的成像原理是基於探針和觀測樣品間的隧道電流，如果水層對生物分子包裹得很好，厚度薄而均勻，我們可以期望獲得更理想的空間解析度。因此，STM可能在不久的將來，在生物大分子的研究中提供新的資料。

　　總之，SPM在生物學研究中的應用剛剛開始，許多研究領域有待開闢。SPM 本身也在不斷的發展和改良中，它的進展也和許多相關的技術緊密聯繫。雖然還有很長的路要走，但我們有理由相信SPM的生物學應用前景十分光明。

5.2.1 生物巨分子結構和功能關係的研究

　　由於當今的生命科學已經從描述性、實驗性科學走向定量科學，分子生物學是其發展的主流，研究的焦點是生物巨分子的結構與功能。在眾多的生物巨分子中，研究又集中在蛋白質和核酸分子的結構與功能上。這是

由於蛋白質和核酸這兩種生物巨分子是千差萬別的多層次的生命現象中最基本而又高度一致的物質基礎。

從結構上講，蛋白質與核酸這兩種重要的生物巨分子的大小均處於光學顯微鏡不可見的約幾個到幾十個奈米的範圍之內。以往對於奈米尺度上的生物巨分子結構的研究，主要是經由電子顯微鏡觀察和 X 光晶體繞射（x-ray crystal diffraction）等方法來完成的。但是它們各有限制，電子顯微鏡要求有一定的真空乾燥製樣條件，而且在觀測中電子束對生物樣品有損傷；X 光晶體繞射方法具有很高的解析度，但它要求樣品能夠結晶，樣品需求量也較大，所獲得的實驗結果是大範圍平均值而且需經模擬和計算才能得高解析的具體圖像。STM/AFM則可在近乎自然的大氣或液體條件下成像，而且結果直觀，解析度高，是研究生物巨分子表面拓撲結構、特別是局域結構的理想方法。上海原子核研究所 STM 組在1988 年開始進行SPM的研究工作，已經取得了較大的進展。其中，奈米生物學方面的研究進展尤為引人注目。現簡單介紹如下。

5.2.1.1　DNA 精細結構的 STM 研究

國際上第一張DNA分子的STM直觀圖像於 1989 年1月問世，被評為當年美國第一號科技成果。同年 4 月，中國科學工作者也成功獲得了魚精子B型DNA的直觀圖像，清晰的顯示了其右手螺旋的特徵。這一成果也被美國《大眾科學》年終評論為 1989 年重大進展，探索DNA新構型是 STM 對 DNA 結構研究可能做出的第一個重要

貢獻。研究者應用 STM 完成了對平行雙股的 DNA 的直接觀察，得到其精細結構的有關參量。理論上，平行雙股 DNA 的大溝和小溝的寬度幾乎相等，而反平行雙股 DNA 的大溝和小溝寬度的比例約為 2：1。STM 的觀測結果完全符合理論上的預測。進而首次在分子結構上證實了一種與正常的反平行雙股 DNA 不同的新構型──平行雙股 DNA 的存在。

⑴ DNA 合成過程、基因調控的 STM 研究

　　　DNA 合成過程中，DNA 聚合酶與 DNA 的相互作用是一重要的研究題目。例如，討論 DNA 聚合酶與 DNA 結合時如何在聚合狀態與校正狀態間轉換的問題，因為這與 DNA 合成具高度正確性有關。透過艱苦努力，李民乾等首次獲得了 *E. coli* DNA 聚合酶 I（DNA polymerase I）以及它與 DNA 處於聚合狀態複合物的 STM 直觀圖像。並且直接地觀察證明了 DNA 聚合酶在 DNA 形成複合物時構形發生了改變。這一成果不僅提供了近生理狀態下 DNA 合成過程的新資料，同時，也為研究 DNA 與蛋白質複合物結構提供了這種新方法。真核基因調控過程的區域結構是分子生物學的先進研究課題。李民乾等還探索了人體 *β*-球蛋白基因 5'端負調控區 DNA 在與調控蛋白相互作用中結構的可能變化。透過 STM 研究，顯示了 *β*-球蛋白基因 5'調控區在調控因子 HMG（1+2）的作用下會形成環狀結構。這項研究對了解真核基因調控機制具有十分重要的意義。

⑵**質體 DNA 及其與酶相互作用的 AFM 研究**

在質體DNA（plasmid DNA）研究方面，李民乾等與美國科學家合作，改進了樣本製備的方法並改良了測量條件，使 DNA 的 AFM 研究進入圖像可重複、數據可靠的新階段。僅需奈克量的DNA樣品即可得到穩定的、可重複的和奈米級解析的 AFM 圖像。這是質體 DNA 的 AFM 研究中一大進展。另一個重要結果是利用AFM可對DNA分子進行改性（例如DNA鏈的原子力切割），並對改性前後的同一局部區域進行了高解析的成像。

AFM 對內切酶和 DNA 相互作用的研究也受到了研究者的重視。研究工作直接地顯示，內切酶對DNA鏈具有解旋和特殊序列上切割的雙重功能。利用酶和DNA在對襯底的相互作用上的差異，研究者找到了使 DNA 鏈線性化的方法，這是進一步開展DNA 物理定序的前提。

上述結果為DNA區域結構研究、DNA物理定序和在奈米尺度上的DNA改性提供了新的可能研究途徑。

5.2.1.2　AFM 的核醣體研究

核醣體是合成蛋白質胜肽鏈的場所，在生物學領域中一直是重要的研究對象，由於其結構複雜和傳統實驗手段的限制，核醣體結構與功能的關係的研究進展十分緩慢。經由與生物學家的合作，李民乾等用AFM首次獲得了核醣體高解析度、多視角的立體圖像。

在運用AFM方法進行實驗研究的過程中，核醣體更

接近其自然狀態並且圖像更直接，為用常規研究方法獲
得的推測結果提供了佐證和新的資料。研究者細緻地研
究了樣品製造過程對核醣體結構的影響，確認其在生物
體內存在的狀態多為球形，經過製樣過程，核醣體可出
現多種表象。研究者經由對坍塌的核醣體和保持結構的
核醣體形狀的比較，支持核醣體內部存在空隙的（由常
規電子顯微鏡圖像立體重建的）模型，並進一步指出核
醣體大次單位也可能出現坍塌。研究結果同時顯示，電
顯觀察中的許多核醣體的結構多為非自然狀態。

　　對多核醣體的研究中，研究者觀察到核醣體拓撲結
構和其游離狀態的不同，同時發現胜肽鏈在折疊之後還
可能形成超二級螺旋結構。研究者還研究了核醣體的瓦
解過程，獲得了在多種條件下核醣體破壞後的型態。在
此基礎上，進一步獲得了核醣體四種RNA的圖像，分析
了它們的高級結構和獲得條件。

　　研究結果顯示，AFM可以作為研究核醣體結構與功
能關係的最具潛力的工具，它在核醣體，mRNA 和蛋白
質相互作用動態研究中將會有重大的貢獻。

5.2.1.3　AFM 對染色體的研究

　　染色體結構的研究已有成熟的染色和光學顯微鏡的
方法以及在真空的電子顯微鏡觀察方法，但都有一定的
限制，而且對染色體精細結構的資料探測不夠靈敏。應
用AFM，李民乾等開拓了無需染色，在常溫常壓下對完
整染色體的立體成像方法，獲得了果蠅的整個多支染色
體的立體AFM圖像，清晰地展示了染色體上基因分布的

特殊條紋以及在活性區（所謂蓬鬆區，Puff region）的精細結構。由於AFM圖像提供了大量資料，這將為高精度的基因定位提供實質的助力。

5.2.1.4 在奈米尺度上獲取生命信息、特別是細胞內的信息

生命過程所必需的能量代謝、物質代謝及其他眾多的生物生理過程，都是在細胞這個微米和次微米範圍內進行的。應用 STM 和 AFM 可獲得在細胞膜，胞器表面的結構資料。同時還可以研究細胞膜、胞器表面結構在不同環境條件下的變化，以及與這些變化相關聯產生物的生理過程的靜態資料，現在全細胞的AFM成像已經完成，經由AFM研究活細胞在外界作用下發生的結構變化已不再是遙不可及的事情。另外，利用尖端直徑小到足以插入活細胞內而又不嚴重干擾細胞的正常生理過程的超微感測器或奈米感測器，有可能獲取活細胞內足夠的動態資料及反映整體的功能狀態，以期對有機體生理及病理過程提供更深入的理解。這將為臨床疾病提供診斷及治療的客觀指標，為藥理學研究提供細胞層面的模型，為細胞工程、蛋白質工程、酶工程等研究提供所需的材料和研究工具。

5.2.2 發展方向

5.2.2.1 分子的奈米技術－單個生物巨分子的直接操縱和改性

掃描探針顯微學（scanning probe microscopy）一產生，人們馬上就開始進行在原子和分子層面上產品加工的努力。其中，原子、分子的操縱成為眾多科學家研究的對象。現在，在真空條件下原子操縱已成為事實。目前的焦點移至單個分子的探測和操縱。但是，由於分子的結構和受外界影響的因素更為複雜，對分子的操縱方法仍在探索之中。至今只有一氧化碳等少數分子的操縱得以完成，而從物理學和生物學意義上來說，大分子甚至生物巨分子的移動和操縱則更有其潛在的應用價值。因此，運用掃描探針顯微學方法，進行大分子的操縱，不僅需要對單分子間的相互作用有細緻的了解，而且與分子的識別和分子隨環境條件的結構和功能改變密切相關。透過多種學科（物理、化學、生物學等）的交互發展，實現這一目標的方法正在探索之中。

5.2.2.2 生物分子之間和分子內部作用力的測量

透過AFM探針和樣品間的相互作用，可以研究生物分子內部的和分子之間的結構結合力。這方面的研究，不僅可以得到作用力的強度資料，而且可以推測分子間存在的結合點的數目（專一結合點間作用力可估計和測量）。這對分子生物學的研究提供了分子間及分子內部

作用力嶄新的訊息。在不同的環境條件下，生物分子間的結合力和結合點都會有很大差異。AFM不僅對研究分子在不同環境中相互作用的改變提供有效的研究方法，也為在單分子層面上深入研究其功能和結構關係的建立上提供全新的研究工具。

5.2.2.3　生物巨分子動態過程的研究

STM 和 AFM 方法是很有潛力成為在分子層面上徹底了解具有生物活性的系統的方法之一，這使得科學工作者開始利用它研究生物巨分子的結構細節和動態過程。AFM可在液體條件下成像，使我們可以研究活性分子結構隨環境變化的過程。生物分子的結構與其功能密切相關，透過改變環境溫度、溶液的離子濃度等方法，觀察生物分子的構形以及活性的變化將是此類研究的第一步。隨後，科學家將會試圖在生化環境中，直接研究生物巨分子的相互作用、分子的合成以及信息傳導（signal transduction）等多方面過程，完成真正動態意義上的過程研究。

5.3　奈米生物感測器

美國於 1996～2002 年共有 40 項左右的專利涉及利用奈米技術進行早期惡性腫瘤和其他疾病的早期診斷。其基本方式是：將螢光素（螢光蛋白）結合靶向性因子，

透過與腫瘤表面的靶標識別器結合後，在體外用測試儀器顯影確定腫瘤的尺寸和位置，因為螢光性奈米顆粒做標記物能夠成功完成單個DNA分子鏈的定序，有可能對尺寸很小的腫瘤進行早期診斷。另一個重要的方法是將奈米磁性顆粒與靶向性因子結合，與腫瘤表面的靶標識別器結合後，在體外用儀器測定磁性顆粒在體內的分布，確定腫瘤的尺寸和位置，其過程為：經磁性奈米顆粒攜帶的靶向性物質與腫瘤細胞表面受器發生專一性結合後，由體外檢測系統確定惡性腫瘤的位置和尺寸。此外，基於金屬奈米顆粒的尺寸光學效應構建的生物感測器，如奈米顆粒區域等離子共振感測器等，有望實現單分子檢測的非標記技術。貴重金屬奈米顆粒電流隧道效應和高比表面積能夠有效地提高酶感測器檢測靈敏度，如採用金奈米DNA探針識別靶基因可顯著提高DNA感測器的靈敏度和穩定性。據1996～2002年細胞顯微成像和癌細胞檢測的相關專利和文獻顯示，將光學非接觸檢測方法和電腦圖像處理法結合，是較常用的奈米級樣品檢測方法。近場掃描成像法的空間解析度不受孔徑限制，近年國外一些學者對半導體「量子點（quantum dot）」的螢光表示作用進行了研究，發現Cd、Se等奈米晶體具有吸收寬波段照射光和發射窄波段螢光的特性，有增強細胞螢光的作用。在現有技術條件下，將光學相干斷層掃描成像，雙光子螢光顯微技術等光學非接觸檢測方法和量子點標示方法與電腦圖像處理法結合，是精確測量奈米結構的重要手段之一。值得注意的是，因目前仍然缺乏針對癌細胞表面受體的專一性單株抗體以及相應的

抗體－抗原結合啟動子，使得奈米生物感測器診斷靈敏
度和準確度不高，因此，有必要探索腫瘤專一性單株抗
體以及抗體－抗原結合啟動子。

5.4 奈米粒子在生物分析中的應用

5.4.1 引言

　　生命科學的快速發展對分析化學提出了大量新的課
題，目前集中在多胜肽、蛋白質、核酸等生物巨分子分
析，生物藥物分析，超痕量、超微量生物活性物質分
析，甚至微生物分析等。因此，生物化學分析已成為現
代分析化學發展的最重要的先進領域之一。為了適應這
種形勢的要求，眾多分析化學工作者正在不斷努力開發
著新的方法和技術。奈米粒子的應用就是其中的一個重
要代表。

　　在生物醫學及生命科學中應用最多的是分子光譜分
析方法。其中由於螢光光譜的靈敏度高、選擇性好，因
此對分子螢光方面的研究更是十分活躍。螢光分析法常
用於臨床測定生物樣品中某些成分的含量，其中以核醣
核酸（Ribonucleic Acid, RNA）和去氧核醣核酸（Deoxy-
ribonucleic Acid, DNA）的測定尤為重要。但若直接用螢

光光譜法對它們進行研究時，鹼基和核酸的螢光光子產率很低，而且在多種胺基酸中，只有色胺酸、酪胺酸和苯丙胺酸有天然螢光。因此檢測它們的最好方法還是利用各種螢光探針。

　　由於生物體系的特殊性和複雜性，為了能測定更多的生物活性物質，對雷射激發生物螢光探針有很高的要求：它們應當具有較好的光穩定性，不易被光分解或漂白；對生物體本身功能的影響要小；要有良好的激發和螢光效率；對所測量的生物活性反應敏感；光譜特徵明顯等等。目前常用的標記物為放射性同位素、酶或受質、化學或生物發光體系和螢光物質。然而放射性同位素的使用帶來了污物處理的難題，不僅有可能損害操作人員的健康，而且壽命較短，難以獲得長期穩定的檢測標準；酶免疫分析法雖克服了放射性污染的弊病，但酶本身容易失活；化學發光和生物發光分析法的靈敏度很高，但其影響因素多，穩定性差，瞬間的化學反應生成樣品的發光無法再現，結果的重現性差；雖然用螢光分子克服了以上缺點，但是它們對測定的光學系統有嚴格的要求。目前，應用最為普遍的螢光探針是有機染料，在大多數情況下，由於它們的激發光譜都較窄，所以很難同時激發多種成分，而其螢光特徵譜又較寬，並且分布不對稱，這又給區分不同探針分子的螢光帶來困難，因此要同時檢測多種成分較為困難。有機染料最嚴重的缺陷還是光化學穩定性差，光漂白與光分解使每個染料探針能夠發出的螢光光子平均數量不可能太多，光分解產物又往往會對生物體產生殺傷作用。利用奈米粒子作

　　為生物螢光探針就能較好的解決這些問題。與傳統的螢光探針相比，奈米晶體的激發光譜寬，且連續分布，而發射光譜呈對稱分布且寬度窄，顏色可調，即不同大小的奈米晶體能被單一波長的光激發而發出不同顏色的光，並且光化學穩定性高，不易光分解。

　　目前有 3 種類型的奈米粒子可作為螢光標記：①具有光學活性的金屬奈米粒子；②螢光奈米球乳液；③發光量子點。

　　考慮到奈米粒子的優良光譜特徵和光化學穩定性，這裡只簡要介紹上述 3 種奈米粒子在生物分析中的應用及其發展前景。

5.4.2 金屬奈米粒子在生物分析中的應用

　　聚核苷酸特定序列的測定對於基因和疾病的診斷非常重要，迄今大多利用一固定的目標聚核苷酸與連有標記物的寡（或聚）核苷酸探針雜合的方法加以測定，而放射性元素（^{32}P 或 ^{35}S）或有機染料常用做這類測定的標記物。最近 Elghanian 等提出了一種高選擇性的檢測聚核苷酸的比色方法。他們以硫氫基烷烴寡核苷酸修飾的金奈米粒子為受體。經雜合後，寡核苷酸探針不僅按特定順序與目標聚核苷酸結合，而且形成一個聚合網絡，每一個受體單元都連接著多個較短的雙螺旋片段。隨著雜合的進行，體系的顏色將隨奈米粒子光學性質的改變而變化，因為奈米粒子的光學性質部分依賴於它們在聚合網絡中的距離，此距離遠大於粒子的平均直徑時顯紅

色，大致相等時則顯藍色。這種變化是由金的表面電漿共振引起的。雜合可以使粒子間距離縮短，產生相應的顏色變化，並形成奈米粒子聚焦體。因此，可由顏色的變化來判斷是否發生了雜合。實驗選用兩個探針1、2和一個目標聚核苷酸3，探針1和探針2上的鹼基不配對。探針1、2的識別部分緊挨著連在目標物3上。實驗結果顯示：

(1)加熱或冷凍溶液能大大加快雜合過程。

(2)若雜合在一個固體支持物上進行，其相應的顏色變化更加明顯。

　　因此，在沒有任何儀器的條件下，也能很快測定目標聚苷酸。同時他們還發現標記了DNA的金奈米粒子不論是在高溫（80℃），還是在濃度較高的鹽溶液（0.1mol/L NaCl溶液）中放置好幾天都很穩定。這主要是由於金奈米粒子表面聯結的DNA阻止了它們的相互結合。而這對於雜合非常重要，因為DNA的雜合需要在濃度較高的鹽溶液中進行。實驗發現，雜合前溶液呈紅色，雜合後呈紫紅色（或紫色），乾燥後呈現藍色。若未發生雜合，或溫度超過了熱分解溫度，則呈粉紅色。而且根據熱分解溫度附近雜合體系顏色的變化，可辨別是完全匹配還是不完全匹配。此方法能檢測超痕量（10fmol/L 即 10^{-14} mol/L）的寡核苷酸。因而可以廣泛應用於高解析的核酸檢測系統的設計，並且以其儀器費用低，操作簡便，特別適合於小型實驗室。

5.4.3 螢光奈米球乳液在生物分析中的應用

與單個的染料分子不同，乳液中每一個螢光奈米粒子（或稱奈米球）都包含了約 100～200 個分子，而每個分子又都含有外界環境保護的發色團基。乳液的保護作用在於隔開各個發色團基（由於各種發色團基中一般含有環狀共軛結構，如不加隔離，往往會產生 π-π 疊加，使峰變寬，並發生紅移）。這些螢光奈米粒子不易分解，且發出的螢光亮而穩定（無閃爍現象）。Taylor 等用奈米球標記的蛋白質來測定拉直的單個 DNA 分子的特定序列。EcoR I 酶能透過 12 個氫鍵識別雙螺旋 DNA 分子的特定序列：GAATTC 能與 20nm 大小的螢光奈米球透過醯胺鍵結合。將此結合體與 λ-DNA（有 5 個可結合位置）反應，再把反應後的 DNA 分子利用流體力學原理拉直，並固定在塗有多熔素的玻璃載片上。實驗中發現，經螢光奈米球標記的 EcoR I 酶能識別和分裂單個 λ-DNA 分子。用多色螢光顯微鏡能看到綠色的（530nm）單個 DNA 分子和黃橙色（580～620nm）的奈米球。這樣，透過螢光圖像就能顯示所連接的奈米球的位置。實驗結果顯示，同一 DNA 分子上的多個特定序列能被同時測定。

能確定單個 DNA 分子的序列，就能快速製作基因圖譜，研究 DNA-蛋白質的相互作用。與生物體結合的奈米粒子非常有利於對單個 DNA 分子上的蛋白質和酶做即時觀察和動力學研究。預計用奈米粒子探針至少能研究以下幾個問題：

(1)蛋白質分子是怎樣找到它的特定位置的。

(2)RNA聚合酶在轉錄過程中是連續移動，還是像尺蠖一樣移動的。

隨著單分子研究水準的提高，上述及相關問題將得到明確的答案。由於奈米粒子比單個的有機發色團大很多，這將產生成鍵時的動力學問題和空間位阻問題。不過，用尺寸在2～5nm的發光量子點可以解決這些問題。

5.4.4 發光量子點在生物分析中的應用

近年來，奈米晶體在免疫生物學和臨床檢驗學等研究中的潛在應用價值已引起了科學工作者的極大關注。量子點（quantum dot，簡稱QD）是其中的一種，它是由半導體材料製成的穩定的、溶於水的、尺寸2～20nm之間的奈米晶體。人們已經知道，許多半導體量子點（奈米晶體）能夠發出雷射誘導螢光，螢光的顏色（螢光譜峰位置）則由量子學的物理尺度決定。作為螢光探針，QD 的光學特性比在生物成像中經常採用的傳統發色團如羅丹明 6G 或其他有機染料分子有明顯的優越性；量子點為多電子體系，因此，螢光效率遠高於單個分子，它在可見和紫外光區的吸光係數為 $10^5 L \cdot mol^{-1} \cdot cm^{-1}$。透過改變奈米晶體材料的尺寸，可使雷射誘導螢光覆蓋 400nm～2μm 的光譜範圍。另外，發射光譜是可調的，螢光壽命較長（約為幾百奈秒）。與具有很窄激發光譜和發射光譜朝紅光波長傾斜的染料分子不同，奈米晶體可以被短於發射峰的任何波長（一般只要短於 10nm 以上即可）有效的加以激發，並具有窄而對稱的發射光譜

（典型奈米晶體在可見光區的發射寬度為20～30nm），可使相鄰探測通道之間的串擾減至最低。因此可用單一波長光源同時激發不同大小尺寸的量子點（量子點激發光譜為連續分布），使它們發射出不同顏色的光並可被同時檢測。相反，多種染料的螢光（多種顏色）卻需要好幾種雷射加以激發，這樣不僅增加了實驗費用，而且使分析變得更加複雜。當延長照射時間時，有機染料的螢光信號往往會很快暗下來（光褪色），而半導體量子點螢光則會持續發光（在某種情況下其發光時間可達染料分子的100倍）。

奈米晶體的高表面區會降低其發光效率，發生光化學降解，因此將它直接用於生物分析也存在著許多問題。運用材料科學和電子的能階概念，發展了核－殼結構的奈米晶體。這種結構能有效限制對核的激發，消除非輻射弛豫途徑和防止光化學褪色。室溫下，它們具有較高的量子產率（>50%），且光化學穩定性得到了很大提高。例如，ZnS包裹的CdSe量子點在室溫下的發光強度就較大（30%～50%量子產率），透過改變粒子的尺寸，其發射光能從藍光過渡到紅光。然而，初期的發光QD是在有機溶劑中製造的，因此不適於生物應用。

1998年，Bruchez等製造了Cd-ZnS核－殼結構的奈米晶體，並用其作為螢光探針對鼠組織細胞進行標記，後來又拓展了核－殼結構，增加第三層－SiO_2。其優點有：

⑴它使奈米晶體可溶。

⑵ SiO_2表面經不同團基修飾後，能控制與生物樣品的相互作用。

　　用此方法產生的核－殼奈米晶體可溶於水或緩衝溶液，量子產率高，並且穩定。

　　Nie等將QD用於非同位素標記的生物分子的超靈敏檢測。不同於採用矽殼方法，他們將QD的表面連接上硫氫基乙酸（HS—CH₂COOH），使量子點不僅具有水溶性，同時能與生物分子相結合。透過光致發光可檢測出QD，而結合的生物分子可識別一些特定物質，如蛋白質、DNA或病毒。實驗中，用經硫氫基乙酸處理的ZnS包裹的CdSe QD與轉鐵蛋白（transferrin）透過醯胺鍵結合。研究發現，這些奈米大小的生物結合體的螢光強度比有機染料，如羅丹明高20倍，漂白速率低100倍，螢光光譜寬度壓窄3倍，而且仍具有水溶性和生物相容性。由QD標記的轉鐵蛋白能被細胞膜上受體離子通道識別，並進入細胞內部，在結合或傳輸過程中沒有明顯的干擾作用。這顯示利用這種方法可以研究活細胞中給體－受體之間的反應或分子交換。Nie等還將QD用於免疫靈敏分析，發現在牛血清蛋白（BSA）中，多株抗體能識別受量子點標記的免疫球蛋白（IgG）的Fab片段，使QD聚集在一起。相反地，若無此抗體，則QD-IgG結合體就很好地分散於BSA中。這一簡單的實驗顯示QD標記的免疫球蛋白分子（IgG）能識別特定的抗原和抗體。

　　結合生物分子的半導體QD具有優良的光譜特徵和光化學穩定性，可以大大拓寬利用螢光探測生物體系的應用範圍，如進行對活細胞內部分子運動規律的監測，或即時觀測給體－受體的相互作用。過去一般用物理方法製造量子點，如外延生長法或氣相沉積法。Nie 等在

無水、無氧的手套箱中製造 QD，反應溫度為 360℃。
Banin 和 Cao 則首次在溶液中製造出了量子產率較高的
QD。此 QD 以 InAs 為核，InP 或 CdSe 為殼。目前 QD 最
有前途的應用領域是在生物體系中作為螢光標記物，我
們相信隨著製造方法的進一步改良，其在生物領域的應
用前景還將更加廣闊。

5.4.5 結語

綜上所述，奈米粒子探針不但是現有螢光劑的補
充，在某些方面甚至還優於後者。目前已經可以將奈米
粒子附於蛋白質上，這樣就可觀察該蛋白質處於細胞的
哪一特定結構中，甚至將來還可以觀察其在細胞中的活
動情況。因為大小不同的無機奈米粒子可以發出不同顏
色的螢光，所以在標記細胞的不同部分時，它們正逐漸
代替有機染料。奈米粒子在生物標記中的發展為大量多
色實驗和診斷學帶來了新的機會，其所具有的光學可調
諧特點使它們可直接用做探針或作為傳統探針的敏化
劑。而利用蛋白質對DNA分子特定片段的識別，將使我
們能即時觀測DNA和蛋白質的結合以及酶催化動力學，
如DNA的複製和轉錄。將來，直接免疫標記和定位雜合
的進一步發展會有更重要的應用，如在血細胞計數和免
疫細胞生物學方面的應用。當然將奈米粒子作為生物螢
光標記物還存在著一些問題，如穩定的、發光效率高的
奈米粒子的製造條件較為苛刻，其生物可相容性、巨分
子可接近性還有待於進一步提高。

奈米生物技術研究動態和發展趨勢

6

　　正如達爾文的演化論推動了生物學的發展那樣，奈米科學技術也將生物技術的發展帶入了新一輪浪潮。正是基於這種認識，美國、日本、德國等國家均已將奈米生物技術作為21世紀的科學研究優先項目予以重點發展。

　　美國的優先研究領域包括：生物材料（材料－組織界面、生物相容性材料）、生物元件（生物感測器、分子探針）、奈米生物技術在臨床診療中的應用（藥物和基因載體）、生物電腦等等。

　　日本政府在國家實驗室、大學和公司設立了大量的奈米技術研究機構，這些機構中科學研究的質量和水準

都相當高，生物技術被列為優先研究領域。

德國於 2001 年啟動了新一輪奈米生物技術研究計畫，在今後 6 年內投入 1 億馬克，第一批 21 個項目的參與資金為 4000 萬馬克，計畫的重點是奈米生物技術在生物醫學工程領域的應用，主要工作包括研製出用於診療的摧毀腫瘤細胞的奈米導彈和可存儲數據的微型記憶體，利用該技術進一步開發出微型生物感測器，用於診斷受感染的人體血液中抗體的形成，治療癌症和各種心血管疾病。

此外，英國、澳大利亞、韓國、俄羅斯、新加坡等國家也先後啟動了國家奈米發展計畫。

中國奈米生物技術的發展與先進國家相比，起步較晚，但「九五」期間「863 計畫」啟動了國家奈米振興計畫，「十五」期間「863 計畫」將奈米生物技術列為專題項目予以優先支持發展。

目前，雖然奈米生物技術的發展仍然集中在基礎研究方面，但已經顯示出了其巨大的產業化潛力。正如美國伯明翰大學的菲力普教授所說的那樣：「奈米技術最終目的還在於生物本身」。據估計，今後一段時間奈米生物技術將在下述各方面有著很大的市場潛力。

⑴單分子元件和奈米線路

微電子技術的一個主要努力方向就是如何使得元件和電子線路小型化，其已經從 20 世紀 70 年代早期的 $10\mu m$ 發展到了現在的 $0.1\mu m$ 左右的水準，以後的發展將進入奈米層面，然而，由於大規模光刻技術的根本缺陷和量子效應的存在，人們認識到在

這個尺度上傳統的半導體微電子技術將達到極限，需要尋求新的技術來解決這個問題，由單個有機分子構成的分子元件和分子線路是突破這個局限的可能途徑。由於DNA分子所具有的特點，使得用DNA來構建單分子元件和分子線路成為一種比較好的選擇。

然而，在實踐上如何利用DNA來構建分子線路和分子元件仍是一個巨大的挑戰。這個挑戰來自於幾個方面，包括：

①如何構建分子元件和分子線路。

②得到的分子線路如何與外圍巨觀的系統連接。

利用 AFM 對 DNA 進行奈米層面的操縱，最終將在如何構建 DNA 單分子元件和 DNA 分子線路中得到應用。

⑵功能化基因篩選及分析

人類基因組計畫（Human Genome Project）已經完成，現在最重要的是功能化基因的篩選和分析。一個重要基因的發現，往往意味著巨大的財富，奈米生物技術在這方面可能有所作為。例如DNA操縱技術和AFM直觀探測技術，將加速人類基因組下一階段的基因篩選和功能分析。

許多人類遺傳疾病是由 DNA 的微小變化引起的，這些變化包括單鹼基的突變和DNA單鏈的缺失或嵌入，使得DNA在這個位點鹼基不能正常配對。這些DNA突變的診斷方法的發展將對許多遺傳疾病的預防和治療有著重要的意義。對於短片段DNA的突變的探測，傳統的方法已經很成熟了。現在缺少

的是快速、準確的對長片段DNA上的突變進行檢測的手段。上文提到的DNA上非配對位點的直觀的探測方法，結合了AFM高解析成像技術和DNA分子的拉直操縱技術，適合於大片段DNA的突變檢測，很有發展潛力。

(3)生物醫學

奈米生物技術將在疾病的診斷、治療和衛生保健方面有著重要的意義。

首先是設計製造針對癌症的「奈米生物導彈」，將抗腫瘤藥物連接在磁性超微粒子上，定向射向癌細胞，並把癌細胞全部消滅。

其次是研製治療心血管疾病的「奈米機器人」，用特製超細奈米材料製成的機器人，能進入人的血管和心臟中，完成醫生不能完成的血管修補等工作，並且它們對人體健康不會產生影響。

在充分安全、有效進入臨床應用前，如何得到更可靠的奈米載體，更準確的靶向物質，更有效的治療藥物，更靈敏、操作更方便的感測器，以及體內載體作用機制的動態測試與分析方法等一系列問題仍有待於進一步研究解決。

奈米藥物載體的研究方向是向智能化進行，研究製造奈米級載體與具有專一性的藥物相結合以得到具有自動靶向和定量定時釋藥的奈米智能藥物，以解決重大疾病的診斷和治療。

相信隨著奈米生物技術的發展，將可以製造出更為理想的具有智能效果的奈米藥物載體，以解決

人類重大疾病的診斷、治療和預防等問題。

奈米生物技術這一新的學科的出現，為人們研究和改造生物分子結構提供了新的手段和思維方式，並將成為人們研究和改造生物世界的重要領域。

人們普遍認為 21 世紀將是生命科學的世紀。另一方面，科學家們也指出奈米技術將是 21 世紀的十大關鍵高技術之一。因此，我們有充分的理由相信，這兩種學科的交互發展所形成的新學科——奈米生物技術的發展，對我們而言，不僅是巨大的挑戰，也將是取得突破的大好機會。

參考文獻

1 姜忠義、王艷強。現代化工。2002，22(4)：10

2 靳剛、應佩青。自然雜誌。2001，23(4)：211

3 趙衛、曹虹、萬成松、張文炳。第一軍醫大學學報。2002，22(5)：461

4 張陽德。中國高校技術市場。2002，（1～2）：60

5 王國清、鍾季康、王保華。生物醫學工程與臨床。2002，6(2)：109

6 田衛群等。廣東藥學學院學報。2001，17(2)：125

7 毛傳斌、李恆德、崔福齋等。化學進展。1998，10(3)：246

8 蔡玉榮、周廉。稀有金屬快報。2002，2(1)：1

9 許海燕、孔樺。基礎醫學與臨床。2002，22(2)：97

10 Abrams G, Goodman S L, Nealey PF et al., Cell Tissue Res, 2000, (286): 354

11 Boeck MS, Bass T, Fujita A, et al., Biopolymers, 1998, (47): 185

12 Freed LE, Marquis JC, Nohria A et al., J. Biomed. Master. Res. 1993, (27): 11

13 Guoxiang Cheng, Chao Liu, Materials Chemistry and Physics, 2002, 77(2): 359

14 Liyong Zhang, Guoxiang Cheng, Cong Fu, Polymer International, 2002, 51(8): 687

15 Mikos AG, Sarakinos G, Leite SM et al., Biomaterials. 1993, (14): 323

16 Rachkov A, Minoura N, Journal of Chromatography, 2000, (889): 111

17 Shi H, Tsai W-B, Ferrari S, et al., Nature, 1999, (398): 593

18 Vlatakis G, Anderson L I, Mosbach K, et al., Nature, 1993, (361): 645

19 Whitcombe M. J, Rodriguez M E, Villar P et al., J Am Chem Soc, 1995, (117): 7105

20 Wullf G, Sarhan A, Zabrocki K. Tetrahedron Lett, 1973, (44): 4329

21 Yoshida M, Hatate H, Uezu K, et al., J Polym Sci A, 2000, (38): 689

22 Lowe C R. Current Opinion In Structural Biology, 2002, (10): 428

23 成國祥、蔡志江，中國醫學科學院學報。2002，24(2)：207

24 盧世璧。中國醫學科學院學報。2002，24(2)：111

25 李凌、馬文麗。中國生物化學與分子生物學學報。2000，16(1)：151

26 楊蓉、謝文章、張亮等。生物工程進展。1999，19(4)：33

27 梅茜、張春秀、唐祖明、顧寧、陸祖宏。中國藥科大學學報。2001，32(5)：329

28 莫雪華、周天鴻。中國病理生理雜誌。2002，18(2)：210

29 張元穎、何農躍、陸祖宏。科技進展。2002，(7)：19

30 陳華友、崔振玲、吳自榮。中國藥學雜誌。2002，
    37(3)：167

31 楊明星、高志賢、王升啟。感測器技術。2002，21
    (6)：54

32 賈帥爭、孫紅琰、王全立。生物化學與生物物理進
    展。2002，29(2)：202

33 陳霄燕、江龍。化學進展。1999，11(1)：71

34 邵學廣、姜海燕。生物分子計算進展。化學進展。
    2002，14(1)：37

35 藺洪振、楊俊林、白鳳蓮、朱道本。物理。2000，
    29(8)：476

36 唐孝威。自然科學進展。1996，6(5)：513

37 陳勇、周寧、杜海蓮、馮亞兵、趙玉芬。大學化
    學。2002，17(1)：27

38 張春陽、馬輝、陳延。分析化學學報。2000，16(5)：
    433

39 林章碧、蘇星光、張家驊、金欽漢。分析化學。
    2002，30(2)：237

索　引

B

C

D

G

H

I

K

L

O

P

Q

W

X

Y

Z

國家圖書館出版品預行編目資料

奈米生物科技／姜忠義，成國祥編著. ――初
版. ――臺北市：五南，2004[民93]
　　面；　公分
參考書目：面
含索引
ISBN 978-957-11-3645-5（平裝）
1.奈米技術　2.生物技術
440.7　　　　　　　　　　　　93010420

5P10

奈米生物科技 Nano Biotechnology

編　著 ― 姜忠義　成國祥

校　訂 ― 路光予

發 行 人 ― 楊榮川

總 編 輯 ― 龐君豪

主　編 ― 穆文娟

責任編輯 ― 蔣和平

出 版 者 ― 五南圖書出版股份有限公司

地　址：106台北市大安區和平東路二段339號4樓

電　話：(02)2705-5066　　傳　真：(02)2706-6100

網　址：http://www.wunan.com.tw

電子郵件：wunan@wunan.com.tw

劃撥帳號：01068953

戶　名：五南圖書出版股份有限公司

台中市駐區辦公室/台中市中區中山路6號

電　話：(04)2223-0891　　傳　真：(04)2223-3549

高雄市駐區辦公室/高雄市新興區中山一路290號

電　話：(07)2358-702　　傳　真：(07)2350-236

法律顧問　元貞聯合法律事務所　張澤平律師

出版日期　2004年7月初版一刷
　　　　　2011年5月初版二刷

定　價　新臺幣360元